教育部课程思政示范课程配套教材
浙江省普通高校“十三五”首批认定新形态教材

应用高等数学习题册

Applied Higher Mathematics

（微课版）

主　编　王桂云

副主编　金惠红　斯彩英

ZHEJIANG UNIVERSITY PRESS
浙江大学出版社
·杭州·

图书在版编目(CIP)数据

应用高等数学习题册／王桂云主编．—杭州：浙江大学出版社，2024.1

ISBN 978-7-308-23980-6

Ⅰ.①应… Ⅱ.①王… Ⅲ.①高等数学—高等职业教育—习题集 Ⅳ.①O13-44

中国国家版本馆 CIP 数据核字(2023)第 120104 号

应用高等数学习题册

YINGYONG GAODENG SHUXUE XITICE

王桂云　主编

策划编辑	阮海潮(1020497465@qq.com)
责任编辑	阮海潮
责任校对	王元新
封面设计	林智广告
出版发行	浙江大学出版社 (杭州天目山路 148 号　邮政编码 310007) (网址：http://www.zjupress.com)
排　　版	杭州星云光电图文制作有限公司
印　　刷	杭州杭新印务有限公司
开　　本	787mm×1092mm　1/16
印　　张	10.25
字　　数	256 千
版 印 次	2024 年 1 月第 1 版　2024 年 1 月第 1 次印刷
书　　号	ISBN 978-7-308-23980-6
定　　价	37.00 元

前 言

《应用高等数学习题册》是《应用高等数学》(微课版)的配套习题册,主要为高等职业院校、成人高等学校学生学习高等数学课程编写的教学辅导用书,也可作为学生参加专升本考试的自学用书。

本编写团队于2015年出版《应用高等数学(上册)习题册》,于2019年修订再版为新形态教材,并被认定为首批浙江省普通高校"十三五"新形态教材。本微课版是在继承前两版教材的优势与特色的基础上修订而成的。本书以习近平新时代中国特色社会主义思想和党的二十大精神为指引,坚持以立德树人为根本任务,以全面提高人才培养质量为核心,立足产教融合,遴选并融入与本课程相关度高、结合紧密的思政资源和案例,服务于培养高素质技能型人才,为推动新形势下高职数学教学改革与创新做出新贡献。

《应用高等数学习题册》融入课程思政,贯穿能力培养和分层教学的理念,其目的是提高学生学习的实效性,提升学生的数学应用能力,满足不同层次学生学习的需求。其内容包括6章。

第1章　函数、极限与连续

第2章　导数和微分

第3章　导数的应用

第4章　不定积分

第5章　定积分及应用

第6章　基于MATLAB软件的数学实验

每一章内容根据学习情境又分为若干节,在每一节中都列出与这一节相关的知识点及主要公式,以方便学生学习。每一节的习题分基本能力训练与拓展能力训练两部分。

本习题册的主要特点如下:

1. 覆盖面广,覆盖了一元函数微积分的全部内容。

2. 编排新颖,每一节有相关的主要知识点及公式,通过对基础知识的巩固、能力拓展题的延伸及MATLAB的计算机操作,达到提升学生自主学习能力的目的。

3. 训练全面,包括选择题、填空题、计算题、证明题、应用题及实验题等题型。

4.题目编排由浅入深,能满足不同层次学生的需求。

5.全书有6份自测题,可供学生自行检测学习效果,训练分析问题与解决问题的能力。

6.使用方便,便于学生课前预习、课后复习,便于教师布置作业、批改作业。

7.书末附有全部练习题的参考答案。简答题等较难的题目旁边有二维码,学生扫码后可以看到详细的解答,为学生自学提供很好的帮助。

本教材编写团队是国家级教学成果奖二等奖获得者、浙江省职业教育教学成果奖一等奖获得者、入选教育部课程思政教学名师和教学团队。全书由浙江交通职业技术学院王桂云担任主编并负责统稿,金惠红、斯彩英担任副主编,郑锡陆、胡大京、崔煜、颜姣姣、贵竹青参编。具体编写分工如下:第1章由王桂云编写,第2章由金惠红编写,第3章由胡大京和崔煜共同编写,第4章由斯彩英编写,第5章由郑锡陆和贵竹青共同编写,第6章由颜姣姣编写。

本书是教育部课程思政示范课程配套教材,得到校内外各级领导和相关人士的大力支持,在此一并表示衷心的感谢!

由于编者水平有限和时间紧迫,书中难免有欠缺和不妥之处,热忱欢迎广大专家、同仁和读者给予批评指正。

编　者

2024年1月

目　录

第 1 章　函数、极限与连续

第 2 章　导数和微分

第 3 章　导数的应用

第1章 函数、极限与连续

1.1 函 数

1.1.1 函数基本知识的理解

内容概要

1. 函数的概念

对于非空实数集 D，如果有一个对应法则 f，使得对每一个 $x\in D$，都有唯一的一个实数 y 与之对应，则将对应法则 f 称为定义在 D 上的一个函数，记作 $y=f(x)$。通常称 y 是 x 的函数，x 称为自变量，y 称为因变量。

2. 函数的两个要素

函数的两个要素为对应法则和定义域。

3. 基本初等函数(六种)

(1)常数函数 $y=C$(C 为常数)；

(2)幂函数 $y=x^{\alpha}$(α 为实数)；

(3)指数函数 $y=a^{x}(a>0,a\neq 1)$，特别地有：$y=\mathrm{e}^{x}$；

(4)对数函数 $y=\log_{a}x$，特别地有：$y=\ln x$；

(5)基本三角函数 $y=\sin x$，$y=\cos x$，$y=\tan x$，$y=\cot x$，$y=\sec x$，$y=\csc x$；

(6)基本反三角函数 $y=\arcsin x$，$y=\arccos x$，$y=\arctan x$，$y=\mathrm{arccot}\, x$。

4. 复合函数定义

设 $y=f(u)$ 和 $u=\varphi(x)$ 是两个函数，且 φ 的值域 M_{φ} 包含在 f 的定义域 D_{f} 内，则将 $y=f(\varphi(x))$ 称为 f 与 φ 的复合函数，u 称为中间变量。

5. 初等函数定义

由基本初等函数经过有限次四则运算及有限次复合运算后可用一个解析式表示的函数，称为初等函数。

基本能力训练

一、选择题

1.1

1. $\arcsin\left(-\frac{1}{2}\right)=$（　　）

A. $\frac{\pi}{6}$　　B. $-\frac{\pi}{6}$　　C. 1　　D. $\frac{\pi}{2}$

2. $\arccos\left(-\frac{\sqrt{2}}{2}\right)=$（　　）

A. $\frac{3\pi}{4}$　　B. $\frac{\pi}{4}$　　C. $-\frac{1}{2}$　　D. $-\frac{\pi}{4}$

3. $\arctan\left(-\frac{\sqrt{3}}{3}\right)=$（　　）

A. $-\frac{\pi}{6}$　　B. $\frac{\pi}{4}$　　C. $\frac{3\pi}{4}$　　D. $-\frac{\pi}{3}$

4. $\operatorname{arccot}\sqrt{3}=$（　　）

A. $\frac{\pi}{3}$　　B. $-\frac{\pi}{6}$　　C. $\frac{\pi}{6}$　　D. $\frac{\pi}{2}$

5. 下列函数中与函数 $y=\frac{x}{|x|}$ 相同的是（　　）

A. $y=x(x\in\mathbf{R})$　　B. $y=-x(x\in\mathbf{R})$

C. $y=1(x>0)$ 或 $y=-1(x<0)$　　D. $y=-1(x<0)$

6. 函数 $y=\frac{x-1}{2x+1}$ 的反函数是（　　）

A. $y=\frac{1-x}{1+2x}$　　B. $y=\frac{1+2x}{1-x}$　　C. $y=\frac{1-2x}{1+x}$　　D. $y=\frac{1+x}{1-2x}$

7. 下列函数中为单调增函数的是（　　）

A. $y=\sin 2x(x\in\mathbf{R})$　　B. $y=\tan 2x(x\in\mathbf{R})$

C. $y=\log_{\frac{1}{2}}x(x>0)$　　D. $y=\left(\frac{e}{2}\right)^{x}(x\in\mathbf{R})$

8. 下列函数中为奇函数的是（　　）

A. $y=\sin x-\cos x+1$　　B. $y=\frac{a^{x}+a^{-x}}{2}$

C. $y=|x\sin x|e^{\cos x}$　　D. $y=x(x-1)(x+1)$

9. 下列函数中周期为 2π 的函数是（　　）

A. $y=\tan 2x(x\in\mathbf{R})$　　B. $y=\cot 2x(x\in\mathbf{R})$

C. $y=\sin x+\cos x(x\in\mathbf{R})$　　D. $y=\arcsin x(x\in\mathbf{R})$

二、填空题

1.2

1. 函数 $f(x)=\sqrt{\ln(x-1)}$ 的定义域是____________________。

2. 设 $f(x)=3x^2+2x$，$\varphi(t)=\lg(1+t)$，则 $f(\varphi(t))=$__________________，$\varphi(f(x))=$__________________。

3. 若 $f(x)=\dfrac{1}{1-x}$，则 $f(f(x))=$________________，$f(f(f(x)))=$________________。

三、简答题

1.3

1. 写出下列函数的复合过程。

(1) $y=\sin^2\left(1-\dfrac{1}{x}\right)$　　　　(2) $y=\ln\cos\sqrt{1+x^2}$

2. 求函数 $y=\sqrt{3-x}+\arcsin\dfrac{3-2x}{5}$ 的定义域。

3. 设 $f(x-1)=x^2+2x+2$，求 $f(x)$、$f(2-x)$ 与 $f(x^2+1)$。

拓展能力训练

简答题

1. 已知函数 $f(x)=\begin{cases}1, & 0\leqslant x\leqslant 1\\ -2, & 1<x\leqslant 2\end{cases}$,求 $f(x+3)$的定义域。

1.4

2. 指出函数 $y=\begin{cases}x(1-x), x\geqslant 0\\ x(1+x), x<0\end{cases}$的奇偶性。

3. 已知 $f(\sqrt{x}+1)=3x^2-2x+4$,求 $f(x)$的表达式。

数学是研究现实世界中数量关系和空间形式的一门科学。它是自然科学、技术科学、社会科学、管理科学等领域巨大的智力资源,能为其他科学提供语言、概念、方法和理论。同时,数学也是一切重大技术发展的基础。数学又是一种文化,是一门具有严密性、逻辑性、精确性并且集创造力与想象力于一体的学问。掌握数学理论与应用方法对提高管理人员的分析、决策能力以及科技人员的推理、创新能力至关重要。

1.1.2 实际问题函数模型的建立

基本能力训练

应用题

1.5

1. 某厂生产某种产品 1200t，定价为 150 元/t。当销售量不超过 600t 时，按原价出售；当销售量超过 600t 时，超出部分按八折出售。试求销售收入与销售量之间的函数关系。

2. 建筑工地上要建造一个底面为正方形、体积为 $8m^3$ 的长方体池(无盖)，已知底面单位造价是周围单位造价的 2 倍，请写出造价与底面的关系式。

3. 某工艺品的纵截面为矩形，已知矩形的长和宽分别是 x 和 y，其周长为 24，将其绕宽边 y 旋转一周构成一立体，写出侧面积与矩形长的关系式。

4. 在半径为 R 的半圆形内内接一梯形，梯形的一条底边与半圆的直径重合，另一条底边的两个端点在半圆上，试将梯形的面积 S 表示成其高 h 的函数。

拓展能力训练

应用题

1. 电力部门规定，居民每月用电不超过 60 度时，每度电按 0.5 元收费；当用电超过 60 度但不超过 90 度时，超过部分每度电按 0.8 元收费；当用电超过 90 度时，超过部分每度电按 1.2 元收费。试建立居民月用电费与月用电量之间的函数关系。

1.6

2. 把一个直径为 50cm 的圆木截成横截面为长方形的方木，若此长方形截面的一条边为 x（单位：cm），截面面积为 S（单位：cm^2），试将 S 表示成 x 的函数，并指出其定义域。

3. 某品牌收音机每台售价为 90 元，成本为 60 元。厂方为鼓励销售商大量采购，决定凡是订购量超过 100 台的，每多订购 1 台，售价就降低 1 分，但最低价为每台 75 元。

(1)将每台的实际售价 P 表示为订购量 x 的函数。

(2)将厂方所获的利润 L 表示成订购量 x 的函数。

(3)某一商行订购了 1000 台，厂方可获利润多少？

数学是自然科学和社会科学的基本语言，已成为研究人文科学的重要工具。

1.2 函数的极限

1.2.1 数列的极限

内容概要

数列极限的定义

如果当 n 无限增大时，数列 $\{x_n\}$ 无限接近于一个确定的常数 A，则把常数 A 称为数列 $\{x_n\}$ 的极限，记作 $\lim\limits_{n\to\infty}x_n=A$。

基本能力训练

一、选择题

1.7

1. 下列极限不等于 1 的是(　　)

A. $\lim\limits_{n\to\infty}\left(1+\frac{1}{n}\right)$　　B. $\lim\limits_{n\to\infty}(-1)^n$

C. $\lim\limits_{n\to\infty}\left(1-\frac{1}{n}\right)$　　D. $\lim\limits_{n\to\infty}\left[1+\frac{(-1)^n}{n}\right]$

2. $\lim\limits_{n\to\infty}\left(\frac{1}{n^2}+\frac{2}{n^2}+\cdots+\frac{n}{n^2}\right)=$(　　)

A. $\lim\limits_{n\to\infty}\frac{1}{n^2}+\lim\limits_{n\to\infty}\frac{2}{n^2}+\cdots+\lim\limits_{n\to\infty}\frac{n}{n^2}=0+0+\cdots+0=0$

B. $\lim\limits_{n\to\infty}\frac{1+2+\cdots+n}{n^2}=\infty$

C. $\lim\limits_{n\to\infty}\frac{\frac{n(n+1)}{2}}{n^2}=\frac{1}{2}$

D. 极限不存在

二、填空题

1.8

1. 数列 $2,-\frac{3}{2},\frac{4}{3},-\frac{5}{4},\cdots$ 的通项是__________，数列的极限$=$__________。

2. 数列 $2,\frac{1}{2},\frac{4}{3},\frac{3}{4},\frac{6}{5},\cdots$ 的通项是____________,数列的极限＝____________。

3. 数列 $\frac{1}{3},\frac{3}{5},\frac{5}{7},\frac{7}{9},\cdots$ 的通项是____________,数列的极限＝____________。

4. $\lim\limits_{n\to\infty}\left(1+\frac{1}{3}+\frac{1}{9}+\cdots+\frac{1}{3^n}\right)=$____________。

5. $\lim\limits_{n\to\infty}\frac{(n+1)(n+2)(n+3)}{5n^3}=$____________。

6. $\lim\limits_{n\to\infty}\frac{(n+2)^3+(2n+3)^3}{(n-1)(2n-1)(3n-2)}=$____________。

拓展能力训练

计算题

1.9

1. $\lim\limits_{n\to\infty}\left(\frac{1}{2}-\frac{3}{10}+\frac{1}{2^2}-\frac{3}{10^2}+\cdots+\frac{1}{2^n}-\frac{3}{10^n}\right)$

2. $\lim\limits_{n\to\infty}\left(\frac{1}{2\cdot 5}+\frac{1}{3\cdot 6}+\frac{1}{4\cdot 7}+\cdots+\frac{1}{(n+1)(n+4)}\right)$

3. $\lim\limits_{n\to\infty}\left(1-\frac{1}{2^2}\right)\left(1-\frac{1}{3^2}\right)\cdots\left(1-\frac{1}{n^2}\right)$

为什么数学比其他一切科学受到特殊的尊重，一个理由是它的命题是绝对可靠的和无可争辩的，另一个理由是数学给予自然科学以某种程度的可靠性，没有数学，这些科学是达不到这种可靠性的。

——爱因斯坦

1.2.2 函数的极限

内容概要

1. 当 $x\to\infty$ 时，函数 $y=f(x)$ 的极限定义

设函数 $f(x)$ 在 $|x|>a$（a 为某个正实数）时有定义，如果当自变量 x 的绝对值无限增大时，函数 $y=f(x)$ 无限趋近于一个确定的常数 A，则称常数 A 为当 $x\to\infty$ 时函数 $y=f(x)$ 的极限，记作

$$\lim_{x\to\infty} f(x)=A\text{（或当 } x\to\infty \text{ 时，} f(x)\to A\text{）。}$$

说明：数列极限是函数 $y=f(x)$ 当 $x\to\infty$ 时极限的特殊情况。

2. 当 $x\to x_0$ 时，函数 $y=f(x)$ 的极限定义

设函数 $f(x)$ 在 $N(x_0,\delta)$ 内有定义，如果当 $x\to x_0$ 时，函数 $y=f(x)$ 无限趋近于一个确定的常数 A，则称常数 A 为当 $x\to x_0$ 时函数 $y=f(x)$ 的极限，记作

$$\lim_{x\to x_0} f(x)=A\text{（或当 } x\to x_0 \text{ 时，} f(x)\to A\text{）。}$$

注意：(1)定义中并不要求 $f(x)$ 在点 x_0 处有定义；

(2)$x\to x_0$ 表示自变量 x 从 x_0 的左右两旁同时无限接近于 x_0。

3. 左右极限定义

设函数 $y=f(x)$ 在 $(x_0-\delta,x_0)$ 或 $(x_0,x_0+\delta)$ 有定义，若当自变量 x 从 x_0 的左近旁（或右近旁）无限接近于 x_0，记作 $x\to x_0^-$（或 $x\to x_0^+$）时，函数 $y=f(x)$ 无限接近于一个确定的常数 A，则称常数 A 为当 $x\to x_0$ 时的左极限（或右极限），记作

$$\lim_{x\to x_0^-} f(x)=A \quad 与 \quad \lim_{x\to x_0^+} f(x)=A,$$

或

$$f(x_0-0)=A \quad 与 \quad f(x_0+0)=A。$$

注意：$\lim\limits_{x\to x_0} f(x)=A$ 的充要条件是 $\lim\limits_{x\to x_0^+} f(x)=\lim\limits_{x\to x_0^-} f(x)=A$。

基本能力训练

一、选择题

1.10

1. 函数 $f(x)=\dfrac{x^2-1}{x-1}(x\neq 1)$，当 $x\to 1$ 时的极限为（　　）

A. 不存在　　B. 2

C. 1　　D. 0

2. 函数 $f(x)=e^{-\frac{1}{x}}(x\neq 0)$，当 $x\to 0$ 时的极限是（　　）

A. 0　　B. 不存在

C. 1　　D. ∞

二、填空题

1.11

1. 设 $f(x)=\begin{cases}x-1, & x<1\\ 2, & x=1\\ x+2, & x>1\end{cases}$，则 $\lim\limits_{x\to1^-}f(x)=$__________，$\lim\limits_{x\to1^+}f(x)=$__________，$\lim\limits_{x\to1}f(x)$__________。

2. 设 $f(x)=\begin{cases}-\dfrac{1}{2x-1}, & x<0\\ 0, & x=0\\ 2x, & x>0\end{cases}$，则 $\lim\limits_{x\to0^-}f(x)=$__________，$\lim\limits_{x\to0^+}f(x)=$__________，$\lim\limits_{x\to0}f(x)=$__________。

三、计算题

1.12

设 $f(x)=\begin{cases}x^2-3x+1, & x\leqslant1\\ -x, & 1<x<2\\ 3x-8, & x\geqslant2\end{cases}$，求 $\lim\limits_{x\to-2}f(x)$，$\lim\limits_{x\to1}f(x)$，$\lim\limits_{x\to2}f(x)$，$\lim\limits_{x\to4}f(x)$。

拓展能力训练

计算题

1.13

1. 求 $\lim\limits_{x\to0}\left(\dfrac{x^3-3x+1}{x-4}+1\right)$。

2. 求 $\lim\limits_{x\to3}\dfrac{x^2+2x+1}{x^2-1}$。

数学是人类智慧皇冠上最灿烂的明珠。——考特

1.2.3 无穷小量与无穷大量

内容概要

1. 无穷小定义

若在自变量 x 的某一变化过程中，函数 $f(x)$的极限为零，则把函数 $f(x)$称为在自变量的这一变化过程中的无穷小量，简称无穷小，记作

$$\lim_{\substack{x\to x_0\\(\text{或}x\to\infty)}} f(x)=0。$$

2. 无穷小性质

(1)有界函数与无穷小的乘积是无穷小；

(2)有限个无穷小的代数和为无穷小；

(3)有限个无穷小的乘积为无穷小。

3. 无穷大定义

若在自变量 x 的某一变化过程中，函数 $f(x)$的绝对值无限增大，而且可以任意地大，则把函数 $f(x)$称为在自变量的这一变化过程中的无穷大量，简称无穷大，记作

$$\lim_{\substack{x\to x_0\\(\text{或}x\to\infty)}} f(x)=\infty。$$

4. 无穷小与无穷大的倒数关系

在自变量的同一变化过程中，若 $f(x)$为无穷大，则$\dfrac{1}{f(x)}$为无穷小；反之，若 $f(x)$为恒不为零的无穷小，则$\dfrac{1}{f(x)}$为无穷大。

基本能力训练

一、选择题

1.14

1. 当 $x\to+\infty$时，下列是无穷小的是(　　)

A. $\sin x$　　B. $\cos x$

C. $2^{\frac{1}{x}}$　　D. 2^{-x}

2. 当 $x\to0$ 时，下列不是无穷小的是(　　)

A. $\sin x$　　B. $\tan x$

C. $\ln(1+x)$　　D. e^x

3. 当 $x\to1^+$时，下列是无穷大的是(　　)

A. 2^{1-x}　　B. $\ln(x-1)$

C. $\dfrac{\sin(x-1)}{x^2-1}$　　D. e^{x-1}

二、计算题

1. $\lim\limits_{x\to\infty}\dfrac{\arctan 2x}{x}$

2. $\lim\limits_{x\to\infty}\dfrac{x-\sin x}{x+\sin x}$

1.15

3. $\lim\limits_{x\to 2}\dfrac{x}{2-x}$

4. $\lim\limits_{x\to\infty}\dfrac{3+\cos x}{x}$

数学是自然科学和社会科学的基本语言，已成为研究多种人文科学的重要工具。数学技巧广泛地渗透到科学的各个领域，现代男女不了解数学的基本原理就不能算受过教育的人。

1.3 极限的运算

1.3.1 极限四则运算法则的应用

内容概要

极限的四则运算法则

设$\lim\limits_{x\to x_0} f(x)=A$，$\lim\limits_{x\to x_0} g(x)=B$，则

(1) $\lim\limits_{x\to x_0}[f(x)\pm g(x)]=\lim\limits_{x\to x_0} f(x)\pm\lim\limits_{x\to x_0} g(x)=A\pm B$；

(2) $\lim\limits_{x\to x_0}[f(x)\cdot g(x)]=\lim\limits_{x\to x_0} f(x)\cdot\lim\limits_{x\to x_0} g(x)=AB$；

(3) $\lim\limits_{x\to x_0} k\cdot f(x)=k\cdot\lim\limits_{x\to x_0} f(x)=kA$（$k$ 为常数）；

(4) $\lim\limits_{x\to x_0}\dfrac{f(x)}{g(x)}=\dfrac{\lim\limits_{x\to x_0} f(x)}{\lim\limits_{x\to x_0} g(x)}=\dfrac{A}{B}(B\neq 0)$。

此法则对 $x\to\infty$ 时也成立。

基本能力训练

一、选择题

1.16

1. 下列极限存在的是（　　）

A. $\lim\limits_{x\to\infty}\dfrac{x^2}{x^2-1}$　　B. $\lim\limits_{x\to 0}\dfrac{1}{2^x-1}$

C. $\lim\limits_{x\to\infty}\sin x$　　D. $\lim\limits_{x\to 0}e^{\frac{1}{x}}$

2. 若$\lim\limits_{x\to a} f(x)=\infty$，$\lim\limits_{x\to a} g(x)=\infty$，则必有（　　）

A. $\lim\limits_{x\to a}[f(x)+g(x)]=\infty$

B. $\lim\limits_{x\to a}[f(x)-g(x)]=0$

C. $\lim\limits_{x\to a}\dfrac{1}{f(x)+g(x)}=0$

D. $\lim\limits_{x\to a} kf(x)=\infty$（$k$ 为非零常数）

二、填空题

1.17

1. $\lim\limits_{x\to\infty}\dfrac{1+x-2x^3}{1-x^2+3x^3}=$______。

2. $\lim\limits_{x\to\infty}\dfrac{x^2+3x+1}{2+x+2x^4}=$______。

3. $\lim\limits_{x\to 1}\dfrac{x^2-1}{x^2+2x-3}=$______。

4. 若$\lim\limits_{x\to 3}\dfrac{x^2-2x+k}{x-3}=4$，则 $k=$______。

三、计算题

1.18

1. $\lim\limits_{x\to+\infty}\dfrac{3x^2-2}{\sqrt{1-x^2+x^4}}$

2. $\lim\limits_{x\to+\infty}(\sqrt{x+1}-\sqrt{x})$

3. $\lim\limits_{x\to-1}\left(\dfrac{1}{x+1}-\dfrac{1}{x^2+3x+2}\right)$

4. $\lim\limits_{x\to+\infty}(\sqrt{x^2+x+1}-\sqrt{x^2-x+1})$

5. $\lim\limits_{x\to+\infty}x(\sqrt{1+x^2}-x)$；

6. $\lim\limits_{x\to 4}\dfrac{\sqrt{2x+1}-3}{\sqrt{x-2}-\sqrt{2}}$；

7. $\lim\limits_{x\to\infty}\dfrac{(2x-1)^6\times(3x-2)^9}{(2x+1)^{15}}$

拓展能力训练

一、计算题

1.19

1. $\lim\limits_{x\to+\infty}\left(\sqrt{x+\sqrt{x+\sqrt{x}}}-\sqrt{x}\right)$

2. 当 $|x|<1$ 时，$\lim\limits_{n\to\infty}(1+x)(1+x^2)(1+x^4)\cdots(1+x^{2^{n-1}})$

二、简答题

1. 已知 $\lim\limits_{x\to1}\dfrac{x^2+ax+b}{x-1}=3$，试求实数 a,b 的值。

1.20

2. 设 $\lim\limits_{x\to-1}\dfrac{x^3+ax^2-x+4}{x+1}$ 有极限 b，试求实数 a,b 的值。

3. $\lim\limits_{x\to\infty}\left(\dfrac{x^2+1}{x+1}-ax-b\right)=0$，求实数 a,b 的值。

被后人称为“数学王子”的德国大数学家高斯(Gauss)曾说：“数学是科学之王，它常常屈尊去为天文学和其他自然科学效劳，但在所有关系中，它都堪称第一。”

1.3.2　两个重要极限的应用

内容概要

两个重要极限

(1) $\lim\limits_{x\to 0}\dfrac{\sin x}{x}=1$　$\left(\dfrac{0}{0}\text{型}\right)$

推广：当 $x\to x_0\,(x\to\infty)$ 时，若 $\varphi(x)\to 0$，则有 $\lim\limits_{\substack{x\to 0\\(x\to\infty)}}\dfrac{\sin\varphi(x)}{\varphi(x)}=1$。

(2) $\lim\limits_{x\to 0}(1+x)^{\frac{1}{x}}=\lim\limits_{x\to\infty}\left(1+\dfrac{1}{x}\right)^{x}=\mathrm{e}$　(1^{∞} 型)

推广：当 $x\to x_0\,(x\to\infty)$ 时，若 $\varphi(x)\to 0$，则有 $\lim\limits_{\substack{x\to 0\\(x\to\infty)}}[1+\varphi(x)]^{\frac{1}{\varphi(x)}}=\mathrm{e}$。

基本能力训练

一、选择题

1.21

1. 下列等式正确的是(　　)

A. $\lim\limits_{x\to 0}\left(1+\dfrac{1}{x}\right)^{x}=\mathrm{e}$　　B. $\lim\limits_{x\to 0}(1-x)^{\frac{1}{x}}=\mathrm{e}$

C. $\lim\limits_{x\to 0}\left(1+\dfrac{1}{x}\right)^{-x}=-\mathrm{e}$　　D. $\lim\limits_{x\to\infty}\left(1+\dfrac{1}{x}\right)^{x}=\mathrm{e}$

2. 下列等式正确的是(　　)

A. $\lim\limits_{x\to\infty}\dfrac{\sin x}{x}=1$　　B. $\lim\limits_{x\to\infty}x\sin\dfrac{1}{x}=1$

C. $\lim\limits_{x\to 0}x\sin\dfrac{1}{x}=1$　　D. $\lim\limits_{x\to\infty}\dfrac{\sin\frac{1}{x}}{x}=1$

3. 下列等式不正确的是(　　)

A. $\lim\limits_{x\to 0}\dfrac{\sin x}{x}=1$　　B. $\lim\limits_{x\to 0}\dfrac{x}{\sin x}=1$

C. $\lim\limits_{x\to\infty}x\sin\dfrac{1}{x}=1$　　D. $\lim\limits_{x\to 0}x\sin\dfrac{1}{x}=1$

二、填空题

1.22

1. $\lim\limits_{x\to 0}\dfrac{x-\sin x}{x+\sin x}=$____________。

2. $\lim\limits_{x\to\infty}\dfrac{x+3\sin x}{3x-2\cos x}=$____________。

3. $\lim\limits_{x \to 0} \dfrac{\sin 3x}{x} =$ ______________。

4. $\lim\limits_{x \to \infty} (1+\dfrac{2}{x})^{3x} =$ ______________。

三、计算题

1.23

1. $\lim\limits_{x \to 0} \dfrac{\sin 3x}{\sin 5x}$

2. $\lim\limits_{x \to \infty} x \sin \dfrac{5}{x}$

3. $\lim\limits_{x \to 0} (1+4x)^{\frac{1}{x}}$

4. $\lim\limits_{x \to \infty} \left(1-\dfrac{2}{x}\right)^{x}$

5. $\lim\limits_{x \to \infty} \left(\dfrac{x+1}{x}\right)^{3x+2}$

6. $\lim\limits_{x \to 0} (1-x)^{\frac{2}{x}}$

拓展能力训练

计算题

1.24

1. $\lim\limits_{x\to\infty}\dfrac{3x^2+5}{5x+3}\sin\dfrac{2}{x}$

2. $\lim\limits_{x\to\infty}\left(\dfrac{x+1}{x-2}\right)^{x}$

3. $\lim\limits_{x\to\infty}\left(\dfrac{3x+4}{3x-1}\right)^{x+1}$

4. $\lim\limits_{x\to+\infty}(\cos\sqrt{x+1}-\cos\sqrt{x})$

微积分是近代数学中最伟大的成就，对它的重要性无论作怎样的估计都不过分。

——冯·诺依曼

1.3.3　无穷小的比较

内容概要

1. 无穷小的比较

定义：设在自变量 x 的同一变化过程中，$\alpha(x)$与 $\beta(x)$都是无穷小，且$\lim\frac{\beta(x)}{\alpha(x)}=C$（$C$ 为常数）。

(1)若 $C=0$，则称 β 是较 α 的高阶无穷小，记作 $\beta=o(\alpha)$；

(2)若 $C\neq0$，则称 β 是 α 的同阶无穷小，若 $C=1$，则称 β 是 α 的等价无穷小，记作 $\beta\sim\alpha$。

2. 等价无穷小代换定理

如果当 $x\to x_0$ 时，α_1 和 α_2 是等价无穷小，β_1 和 β_2 是等价无穷小，即 $\alpha_1\sim\alpha_2$，$\beta_1\sim\beta_2$，且 $\lim\limits_{x\to x_0}\frac{\beta_2}{\alpha_2}$存在，则$\lim\limits_{x\to x_0}\frac{\beta_1}{\alpha_1}$也存在，且$\lim\limits_{x\to x_0}\frac{\beta_1}{\alpha_1}=\lim\limits_{x\to x_0}\frac{\beta_2}{\alpha_2}$。

3. 常用的等价无穷小

当 $x\to0$ 时，

(1)$\sin x\sim x$；(2)$\tan x\sim x$；(3)$\arcsin x\sim x$；(4)$\arctan x\sim x$；(5)$1-\cos x\sim\frac{1}{2}x^2$；

(6)$\ln(1+x)\sim x$；(7)$e^x-1\sim x$；(8)$\sqrt{1+x}-1\sim\frac{1}{2}x$。

基本能力训练

计算题

1.25

1. $\lim\limits_{x\to0}\frac{1-\cos x}{x\sin x}$

2. $\lim\limits_{x\to0}\frac{\sin 2x}{\sqrt{x+1}-1}$

3. $\lim\limits_{x\to0^+}\frac{\sin ax}{\sqrt{1-\cos x}}(a\neq0)$

4. $\lim\limits_{x\to0}\frac{\ln(1+2x)}{3x}$

拓展能力训练

计算题

1.26

1. $\lim\limits_{x\to\infty}\frac{x^2+1}{x^3+x}(3+\cos x)$

2. $\lim\limits_{x\to 0}\frac{\ln\sqrt{1+x}+2\sin x}{\tan x}$

3. $\lim\limits_{x\to 0}\frac{\sqrt[m]{(1+x)^n}-1}{x}$

只有微分学才能使自然科学不仅用数学来表明状态，而且也表明过程、运动。

——恩格斯

1.4 函数的连续

1.4.1 连续、间断定义的理解及应用

内容概要

1. 函数的连续性定义

定义 1:设函数 $y=f(x)$在 $N(x_0,\delta)$内有定义,若当自变量 x 在 x_0 处的改变量 Δx 趋近于 0 时,相应的函数改变量 $\Delta y=f(x_0+\Delta x)-f(x_0)$也趋近于 0,则称函数 $y=f(x)$在点 x_0 处连续,称点 x_0 为函数 $y=f(x)$的连续点。

定义 2:设函数 $y=f(x)$在 $N(x_0,\delta)$内有定义,若 $\lim\limits_{x\to x_0}f(x)=f(x_0)$,则称函数 $y=f(x)$在点 x_0 处连续。

2. 连续的三要素

(1)函数 $y=f(x)$在点 x_0 处有定义;

(2)当 $x\to x_0$ 时,$f(x)$的极限 $\lim\limits_{x\to x_0}f(x)$存在;

(3)极限值 $\lim\limits_{x\to x_0}f(x)$等于 $f(x_0)$。

3. 函数间断点定义

若函数 $y=f(x)$在点 x_0 处不连续,则称函数 $y=f(x)$在点 x_0 处间断,称点 x_0 为函数 $y=f(x)$的间断点。

4. 初等函数的连续性

基本初等函数在定义域内都连续;

一切初等函数在定义区间上都连续。

基本能力训练

一、选择题

1. 函数 $f(x)$在点 x_0 连续的充要条件是(　　)

A. $f(x_0)$存在　　B. $\lim\limits_{x\to x_0}f(x)=f(x_0)$

C. $\lim\limits_{x\to x_0}f(x)$存在　　D. $\lim\limits_{x\to x_0}f(x_0)=0$

1.27

2. 函数 $f(x)=\frac{\sin x}{x}+\frac{e^x}{x^2-3x+2}$ 在 $(-\infty,+\infty)$ 内间断点的个数是(　　)

A. 0　　B. 1　　C. 2　　D. 3

3. 设函数 $f(x)=\begin{cases}\frac{\sin 2x}{x}, & x<0\\ a+x, & x\geqslant 0\end{cases}$，要使 $f(x)$ 在 $x=0$ 处连续，则实数 $a=$(　　)

A. 2　　B. 1　　C. 0　　D. -1

4. 设函数 $f(x)=\begin{cases}\frac{1-x^2}{1+x}, & x\neq -1\\ a, & x=-1\end{cases}$，要使 $f(x)$ 连续，则实数 $a=$(　　)

A. 1　　B. 2　　C. 0　　D. 3

5. 若极限 $\lim\limits_{x\to x_0}f(x)$ 存在，则下列正确的是(　　)

A. 函数 $f(x)$ 在点 x_0 处一定连续

B. 函数 $f(x)$ 在点 x_0 处有定义

C. 函数 $f(x)$ 在 $x\to x_0$ 时的左右极限相等

D. $\lim\limits_{x\to x_0}f(x)=f(x_0)$

二、填空题

1. 设函数 $f(x)=\begin{cases}e^x, & x<0\\ a+x, & x\geqslant 0\end{cases}$，要使 $f(x)$ 在 $x=0$ 处连续，则实数 $a=$__________。

1.28

2. 设函数 $f(x)=\begin{cases}a-x, & x<1\\ 2a+x, & x\geqslant 1\end{cases}$，要使 $f(x)$ 在 $x=1$ 处连续，则实数 $a=$__________。

3. 设函数 $f(x)=\begin{cases}x+2, & x<3\\ a, & x=3\\ 2x-1, & x>3\end{cases}$，要使 $f(x)$ 在 $x=3$ 处连续，则实数 $a=$__________。

三、简答题

1. 求函数 $f(x)=\begin{cases}e^{-\frac{1}{x^2}}, & x\neq 0\\ 0, & x=0\end{cases}$ 的连续区间。

1.29

2. 求函数 $f(x)=\begin{cases}\dfrac{\sin x}{|x|}, & x\neq 0\\ 1, & x=0\end{cases}$ 的连续区间。

3. 当实数 a,b 为何值时，函数 $f(x)=\begin{cases}2x, & x<1\\ ax^2+b, & 1\leqslant x\leqslant 2\\ 4x, & x>2\end{cases}$ 在 $(-\infty,+\infty)$ 内连续？

4. 求函数 $f(x)=\dfrac{x^3+3x^2-x-3}{x^2+x-6}$ 的连续区间和间断点，并指出间断点的类型。

拓展能力训练

简答题

1. 求函数 $f(x)=\begin{cases}\dfrac{1}{x}, & x<0\\ x^2, & 0\leqslant x\leqslant 1\\ 2x-1, & x>1\end{cases}$ 的连续区间，并指出间断点的类型。

1.30

2. 已知函数 $f(x)=\begin{cases} \dfrac{\ln(1+2x)}{\sqrt{1+x}-\sqrt{1-x}}, & -1\leqslant x<0 \\ a, & x=0 \\ x^2+b, & 0<x\leqslant 1 \end{cases}$ 在 $x=0$ 处连续，求实数 a,b 的值。

3. 设函数 $f(x)=\begin{cases} a+x^2, & x<0 \\ 1, & x=0 \\ \ln(b+x+x^2), & x>0 \end{cases}$，若 $f(x)$ 在 $x=0$ 处连续，求实数 a,b 的值。

4. 已知函数 $f(x)=\begin{cases} e^{\frac{1}{x}}+1, & x<0 \\ a, & x=0 \\ b+\arctan\dfrac{1}{x}, & x>0 \end{cases}$ 在 $x=0$ 处连续，求实数 a,b 的值。

数学是知识的工具，也是其他知识工具的源泉。所有研究顺序和度量的科学均与数学有关。

——笛卡儿

1.4.2 闭区间上连续函数性质的应用

内容概要

1. 最大值、最小值定理

若函数 $f(x)$在闭区间$[a,b]$上连续，则函数 $f(x)$在区间$[a,b]$上必然存在最大值与最小值。

2. 介值定理

设函数 $y=f(x)$在区间$[a,b]$上连续，$f(a)=A$，$f(b)=B$，且 $A\neq B$，则对于 A 与 B 之间的任一值 C，在开区间(a,b)内至少存在一点 ξ，使得

$$f(\xi)=C(a<\xi<b)。$$

3. 零点定理

设函数 $y=f(x)$在区间$[a,b]$上连续，且 $f(a)\cdot f(b)<0$，则在开区间(a,b)内至少存在一点 ξ，使得 $f(\xi)=0$。

基本能力训练

证明题

1.31

1. 求证：方程 $x^3-9x-1=0$ 恰好有三个实根。

2. 求证：方程 $x^6-2x^5+5x^3+1=0$ 至少有一实根。

3. 求证：方程 $x^3-4x^2+1=0$ 在区间 $(0,1)$ 内至少有一实根。

拓展能力训练

证明题

1. 设函数 $f(x)$ 在区间 $[a,b]$ 上连续，且 $f(a)<a$，$f(b)>b$。求证：存在 $\xi\in(a,b)$，使得 $f(\xi)=\xi$。

1.32

2. 已知方程 $x=a\sin x+b$，其中 $a>0$，$b>0$。求证：方程至少有一正根，并且它不大于 $a+b$。

3. 设 $f(x)$ 在 $[a,b]$ 上连续，且 $a<c<d<b$。求证：在 (a,b) 内至少存在一个 ξ，使得 $pf(c)+qf(d)=(p+q)f(\xi)$，其中 p，q 为任意正常数。

哪里有数学，哪里就有美。　　——普洛克拉斯

第1章自测题

一、选择题

1.33

1. 在下列函数中为单调减函数的是(　　)

A. $y=\cos 2x(x\in \mathbf{R})$　　B. $y=\tan x(x\in \mathbf{R})$

C. $y=\log_{\frac{1}{3}}x(x>0)$　　D. $y=\left(\frac{e}{2}\right)^{x}(x\in \mathbf{R})$

2. 函数 $f(x)=3^{-\frac{1}{x}}(x\neq 0)$,当 $x\to 0$ 时的极限是(　　)

A. 0　　B. 不存在

C. 1　　D. -1

3. 下列极限存在的是(　　)

A. $\lim\limits_{x\to\infty}\frac{3x^2}{x^2-1}$　　B. $\lim\limits_{x\to 0}\frac{1}{4^x-1}$

C. $\lim\limits_{x\to\infty}\cos x$　　D. $\lim\limits_{x\to 0}2^{\frac{1}{x}}$

4. 下列等式不正确的是(　　)

A. $\lim\limits_{x\to 0}\left(1+\frac{1}{x}\right)^{-x}=-e$　　B. $\lim\limits_{x\to 0}\frac{x}{\sin x}=1$

C. $\lim\limits_{x\to\infty}x\sin\frac{1}{x}=1$　　D. $\lim\limits_{x\to 0}x\sin\frac{1}{x}=0$

5. 若函数 $f(x)$在点 x_0 连续,则下列不正确的是(　　)

A. $f(x_0)$存在　　B. $\lim\limits_{x\to x_0}f(x)=f(x_0)$

C. $\lim\limits_{x\to x_0}f(x)$存在　　D. $\lim\limits_{x\to x_0}f(x_0)=0$

二、填空题

1.34

1. 已知 $f(2x+1)=x^2+2x-3$,则 $f(x)=$________,$f(1-2x)$ $=$________。

2. $\lim\limits_{x\to\infty}\frac{2+x-3x^3}{3-x^2+4x^3}=$________;$\lim\limits_{x\to\infty}\frac{2x^2+3x+1}{1+x-x^4}=$________。

3. 设 $f(x)=\begin{cases}2x+1, & x<0\\ 2, & x=0\\ x-2, & x>0\end{cases}$,则 $\lim\limits_{x\to 0^-}f(x)=$________,$\lim\limits_{x\to 0^+}f(x)=$________,$\lim\limits_{x\to 0}f(x)=$________。

4. $\lim\limits_{x\to 0}\frac{2x+3\sin x}{3x-\sin x}=$________;$\lim\limits_{x\to\infty}\frac{3x-4\sin x}{2x+3\sin x}=$________。

5. $\lim\limits_{x\to -\pi}\frac{\sin 2x}{x+\pi}=$________。

6. $\lim\limits_{x\to\infty}\left(1+\frac{3}{x}\right)^{2x}=$____________。

7. 设函数 $f(x)=\begin{cases} x+a, & x<3 \\ 5, & x=3 \\ bx-1, & x>3 \end{cases}$ 在 $x=3$ 处连续，则实数 $a=$________,$b=$________。

三、计算题

1. 已知 $f(x)=\frac{3}{2+x}$，求 $f(f(x))$的表达式及定义域。

1.35

2. 求极限$\lim\limits_{x\to 1}\left(\frac{1}{x-1}+\frac{3}{1-x^3}\right)$。

3. 求极限$\lim\limits_{x\to\infty}\left(\frac{x+1}{x+2}\right)^{3x}$。

4. 求函数 $f(x)=\begin{cases}\dfrac{2}{x-2}, & x<0\\ x^2-2, & 0\leqslant x\leqslant 1\\ 1-2x, & x>1\end{cases}$ 的连续区间，并指出间断点的类型。

5. 用边长为 a 的正三角形铝皮制作一个正四面体，求体积 V 与边长 a 的关系。

四、证明题

求证：方程 $x^3-3x^2+3=0$ 在区间(1,2)内至少有一实根。

1.36

数学是打开科学大门的钥匙，忽视数学必将伤害所有的知识，因为忽视数学的人是无法理解任何其他科学乃至世界上任何其他事物的。更为严重的是，忽视数学的人不能理解他自己的这一疏忽，最终将导致无法寻求任何补救的措施。 ——培根

第2章

导数和微分

2.1 导数的概念

内容概要

1. 导数的定义

设函数 $y=f(x)$ 在点 x_0 的某一邻域内有定义，当自变量 x 在点 x_0 处有增量 Δx $(\Delta x \neq 0)$，$x_0+\Delta x$ 仍在该邻域内时，相应地，函数有增量 $\Delta y=f(x_0+\Delta x)-f(x_0)$，若极限

$$\lim_{\Delta x\to 0}\frac{\Delta y}{\Delta x}=\lim_{\Delta x\to 0}\frac{f(x_0+\Delta x)-f(x_0)}{\Delta x}$$

存在，则称 $f(x)$ 在点 x_0 处可导，并称此极限值为 $f(x)$ 在点 x_0 处的导数，记为 $f'(x_0)$，也可记为 $y'(x_0)$，$y'\Big|_{x=x_0}$，$\dfrac{\mathrm{d}y}{\mathrm{d}x}\Big|_{x=x_0}$ 或 $\dfrac{\mathrm{d}f}{\mathrm{d}x}\Big|_{x=x_0}$，即 $f'(x_0)=\lim\limits_{\Delta x\to 0}\dfrac{\Delta y}{\Delta x}=\lim\limits_{\Delta x\to 0}\dfrac{f(x_0+\Delta x)-f(x_0)}{\Delta x}$。

若极限不存在，则称 $y=f(x)$ 在点 x_0 处不可导。

导数的定义式也可取不同的形式，常见的有

$$\lim_{h\to 0}\frac{f(x_0+h)-f(x_0)}{h}。$$

若令 $x_0+\Delta x=x$，则当 $\Delta x\to 0$ 时，有 $x\to x_0$，所以函数 $f(x)$ 在点 x_0 处的导数 $f'(x_0)$ 也可表示为

$$f'(x_0)=\lim_{x\to x_0}\frac{f(x)-f(x_0)}{x-x_0}。$$

如果函数 $y=f(x)$ 在开区间 I 内的每一点处都可导，那么就称 $y=f(x)$ 在开区间 I 内可导，这时对于任一 $x\in I$ 都对应着 $f(x)$ 的一个确定的导数值。这样就构成了一个新函数，

这个新函数叫作 $y=f(x)$ 的导函数，记作 y'，$f'(x)$，$\frac{dy}{dx}$或$\frac{df(x)}{dx}$。

2. 导数的几何意义

函数 $y=f(x)$ 在点 x_0 处的导数表示曲线 $y=f(x)$ 在点 $(x_0,f(x_0))$ 处的切线斜率，即

$$k=f'(x_0)。$$

曲线 $y=f(x)$ 在点 $(x_0,f(x_0))$ 处的切线方程为

$$y-f(x_0)=f'(x_0)(x-x_0)。$$

曲线 $y=f(x)$ 在点 $(x_0,f(x_0))$ 处的法线方程为

$$y-f(x_0)=-\frac{1}{f'(x_0)}(x-x_0)[f'(x_0)\neq 0]。$$

3. 可导与连续的关系

若函数 $y=f(x)$ 在点 x 处可导，则 $y=f(x)$ 在点 x 处一定连续。但反过来不一定成立，即在点 x 处连续的函数未必在点 x 处可导。

基本能力训练

一、选择题

2.1

1. 设$\lim\limits_{x\to a}\frac{f(x)-f(a)}{x-a}=k$（$k$ 为常数），则 $k=$（　　）

A. $f'(x)$　　B. $\frac{df(x)}{dx}$

C. $f'(a)$　　D. $f'(0)$

2. 设 $f'(x_0)$ 存在，则以下结论错误的是（　　）

A. $f(x_0)$ 存在　B. $\lim\limits_{x\to x_0}f(x)$ 存在　C. $\lim\limits_{x\to x_0}f(x)=f(x_0)$　D. $\lim\limits_{x\to x_0}f(x)$ 不存在

3. 设 $f(x)$ 在点 x_0 处连续，则以下结论错误的是（　　）

A. $f(x_0)$ 存在　B. $f(x)$ 在 x_0 可导　C. $\lim\limits_{x\to x_0}f(x)$ 存在　D. $\lim\limits_{x\to x_0}f(x)=f(x_0)$

4. 设 $f'(x_0)=0$，则曲线 $y=f(x)$ 在点 $(x_0,f(x_0))$ 处的切线（　　）

A. 不存在　　B. 与 x 轴平行或与 x 轴重合

C. 与 x 轴垂直　　D. 与 x 轴斜交

5. 设 $f(x)=\cos\frac{\pi}{3}$，则 $f'(x)=$（　　）

A. $\sin\frac{\pi}{3}$　B. $-\sin\frac{\pi}{3}$　C. $\frac{1}{2}$　D. 0

6. 设 $f(x)=\lg x$，则 $f'(x)=$（　　）

A. $\frac{1}{x}$　B. $\frac{1}{x}\ln 10$　C. $\frac{1}{x\ln 10}$　D. $\frac{1}{x}\lg 10$

7. 若函数 $f(x)$ 的导数为 $f'(x)=-\sin x$，则函数图像在点 $(4,f(4))$ 处的切线的倾斜角为（　　）

A. 90°　B. 0°　C. 锐角　D. 钝角

8. 对任意 x，有 $f'(x)=4x^3$，$f(1)=-1$，则此函数为(　　)

A. $f(x)=x^4$　　B. $f(x)=x^4-2$　　C. $f(x)=x^4+1$　　D. $f(x)=x^4+2$

9. 若曲线 $y=f(x)$ 在点 $(x_0,f(x_0))$ 处的切线方程为 $2x+y-1=0$，则(　　)

A. $f'(x_0)>0$　　B. $f'(x_0)<0$　　C. $f'(x_0)=0$　　D. $f'(x_0)$不存在

10. 在曲线 $y=2x^2-1$ 的图像上取一点 $(1,1)$ 及邻近一点 $(1+\Delta x,1+\Delta y)$，则 $\dfrac{\Delta y}{\Delta x}$ 等于(　　)

A. $4\Delta x+2(\Delta x)^2$　　B. $4+2\Delta x$　　C. $4\Delta x+(\Delta x)^2$　　D. $4+\Delta x$

二、填空题

2.2

1. 设质点运动规律为 $s=t^3$(m)，则质点在 $t=2$s 的速度为__________。

2. 自由落体运动 $s=\dfrac{1}{2}gt^2(g=9.8\text{m/s}^2)$，则从 $t=5$s 到 $(5+\Delta t)$s 的时间区间内运动的平均速度为__________；落体在 5s 末的瞬时速度为__________；落体在任意时刻 t 的瞬时速度为__________。

3. 曲线 $y=\sin x$ 在点 $x=\pi$ 处的切线的斜率为________，切线方程为__________，法线方程为__________。

4. 若函数 $f(x)$ 在点 x_0 处的导数存在，则它所对应的曲线在点 $(x_0,f(x_0))$ 处的切线方程是__________。

5. 若曲线上每一点处的切线都平行于 x 轴，则此曲线的函数必是__________。

6. 在抛物线 $y=x^2$ 上依次取两点，它们的横坐标分别为 $x_1=1$，$x_2=3$，若抛物线上过点 P 的切线与过这两点的割线平行，则点 P 的坐标为__________。

7. 函数 $f(x)=\begin{cases} x, & x\geqslant 0 \\ -x, & x<0 \end{cases}$ 在 $x=0$ 处是否可导？__________。

8. 已知 $a,b\in\mathbf{R}$，函数 $f(x)=\begin{cases} x^2+x+1, & x\leqslant 0 \\ ax+b, & x>0 \end{cases}$，当 $a=$________，$b=$________时，$f(x)$ 在 $x=0$ 处可导。

拓展能力训练

一、选择题

2.3

1. 设 $f(x)$ 与 $g(x)$ 是定义在 $\mathbf{R}$ 上的两个可导函数，若 $f(x)$，$g(x)$ 满足 $f'(x)=g'(x)$，则 $f(x)$ 与 $g(x)$ 满足(　　)

A. $f(x)=g(x)$

B. $f(x)-g(x)$为常数函数

C. $f(x)=g(x)=0$

D. $f(x)+g(x)$为常数函数

2. 设函数 $f(x)$ 在 x_0 处可导，则 $\lim\limits_{\Delta x\to 0}\dfrac{f(x_0-\Delta x)-f(x_0)}{\Delta x}$ 等于(　　)

A. $f'(x_0)$　　B. $f'(-x_0)$　　C. $-f'(x_0)$　　D. $-f'(-x_0)$

3. 若 $\lim\limits_{\Delta x\to 0}\dfrac{f(x_0+2\Delta x)-f(x_0)}{3\Delta x}=1$，则 $f'(x_0)$ 等于（　　）

A. $\dfrac{2}{3}$　　B. $\dfrac{3}{2}$　　C. 3　　D. 2

4. 设 $f(x)$ 在 x_0 处可导，下列式子中与 $f'(x_0)$ 相等的是（　　）

(1) $\lim\limits_{\Delta x\to 0}\dfrac{f(x_0)-f(x_0-2\Delta x)}{2\Delta x}$　　(2) $\lim\limits_{\Delta x\to 0}\dfrac{f(x_0+\Delta x)-f(x_0-\Delta x)}{\Delta x}$

(3) $\lim\limits_{\Delta x\to 0}\dfrac{f(x_0+2\Delta x)-f(x_0+\Delta x)}{\Delta x}$　　(4) $\lim\limits_{\Delta x\to 0}\dfrac{f(x_0+\Delta x)-f(x_0-2\Delta x)}{\Delta x}$

A. (1)(2)　　B. (1)(3)　　C. (2)(3)　　D. (1)(2)(3)(4)

5. 若曲线 $y=x^n(n\in\mathbf{N})$ 在点 $P(\sqrt{2},2^{\frac{n}{2}})$ 处的切线的斜率为 20，那么 n 为（　　）

A. 7　　B. 6　　C. 5　　D. 4

6. 函数 $f(x)=\sqrt{x\sqrt{x}}$ 的导数是（　　）

A. $\dfrac{1}{\sqrt[4]{x}}$　　B. $-\dfrac{1}{\sqrt[4]{x}}$　　C. $-\dfrac{3}{4\sqrt[4]{x}}$　　D. $\dfrac{3}{4\sqrt[4]{x}}$

二、简答题

1. 观察 $(x^n)'=nx^{n-1}$，$(\sin x)'=\cos x$，$(\cos x)'=-\sin x$，是否可以判断，可导的奇函数的导函数是偶函数，可导的偶函数的导函数是奇函数？

2.4

2. 已知函数 $f(x)$ 在 $x=a$ 处可导，求极限 $\lim\limits_{h\to 0}\dfrac{f(a+h^2)-f(a)}{h}$。

一个国家只有数学蓬勃地发展，才能展现它国力的强大。数学的发展和完善与国家繁荣昌盛密切相关。

——拿破仑

2.2　导数的运算

2.2.1　函数和、差、积、商求导法则的应用

内容概要

1. 函数的和、差、积、商的求导法则

若函数 $u(x)$，$v(x)$在点 x 处可导，则

(1)$[u(x)\pm v(x)]'=u'(x)\pm v'(x)$；

(2)$[u(x)v(x)]'=u'(x)v(x)+u(x)v'(x)$，特别地有：$[C\cdot u(x)]'=C\cdot u'(x)$($C$ 为常数)；

(3)$\left[\dfrac{u(x)}{v(x)}\right]'=\dfrac{u'(x)v(x)-u(x)v'(x)}{v^2(x)}[v(x)\neq 0]$，特别地有：$\left[\dfrac{1}{v(x)}\right]'=\dfrac{-v'(x)}{v^2(x)}[v(x)\neq 0]$。

2. 基本初等函数的导数公式

(1)$(C)'=0$(C 为常数)；

(2)$(x^{\alpha})'=\alpha x^{\alpha-1}$；

(3)$(a^x)'=a^x\ln a$，特别地有：$(\mathrm{e}^x)'=\mathrm{e}^x$；

(4)$(\log_a^x)'=\dfrac{1}{x\ln a}$，特别地有：$(\ln x)'=\dfrac{1}{x}$；

(5)$(\sin x)'=\cos x$；

(6)$(\cos x)'=-\sin x$；

(7)$(\tan x)'=\sec^2 x=\dfrac{1}{\cos^2 x}$；

(8)$(\cot x)'=-\csc^2 x=-\dfrac{1}{\sin^2 x}$；

(9)$(\sec x)'=\sec x\tan x$；

(10)$(\csc x)'=-\csc x\cot x$；

(11)$(\arcsin x)'=\dfrac{1}{\sqrt{1-x^2}}$；

(12)$(\arccos x)'=-\dfrac{1}{\sqrt{1-x^2}}$；

(13)$(\arctan x)'=\dfrac{1}{1+x^2}$；

(14)$(\mathrm{arccot}\, x)'=-\dfrac{1}{1+x^2}$。

基本能力训练

一、填空题

1. 一个物体的运动方程为 $s=1-t+t^2$，其中 s 的单位是 m，t 的单位是 s，那么物体在3s末的瞬时速度是____________。

2. 若 $f(x)=-\cos x+\sin x$，则 $f'(a)=$____________。

2.5

3. 已知 $f(x)=ax^3+3x^2+2$，若 $f'(-1)=4$，则 a 的值等于____________。

4. 若函数 $y=\dfrac{x^2+a^2}{x}(a>0)$ 的导数为 0，则 $x=$____________。

5. 若 $y=\dfrac{1-x^2}{1+x}$，则 $y'=$____________。

6. 若 $y=\ln\dfrac{1}{x}-\ln 2$，则 $y'=$____________。

7. 若 $y=\dfrac{-3x^4+3x^2-5}{x^3}$，则 $y'=$____________。

8. 函数 $y=\dfrac{\sin x}{x}$ 的导数为____________。

9. 函数 $y=\sqrt{x}\sin x$ 的导数为____________。

10. 函数 $y=x^2\cos x$ 的导数为____________。

11. 函数 $y=(x^2-3)(2x^3-4)$ 的导数为____________。

二、求下列函数在给定点处的导数

2.6

1. 已知 $f(x)=3^x+x^3+\sqrt[3]{x}-\dfrac{1}{\sqrt[3]{x}}$，求 $f'(1)$。

2. 已知 $y=\cos x\sin x$，求 $y'\big|_{x=\frac{\pi}{4}}$。

3. 已知 $f(t)=\dfrac{1-t}{1+t}$，求 $f'(0)$。

三、求下列函数的导数

2.7

1. $y=(x^2+1)(3x-1)$

2. $y=x\arcsin x$

3. $f(x)=\dfrac{x\ln x}{\cos x}$

4. $y=\dfrac{1+\ln x}{1-\ln x}$

5. $y=\dfrac{1+\cos x}{1-\cos x}$

四、求下列函数的导数

1. $y=\dfrac{1}{1+x+x^2}$

2. $f(x)=x\arcsin x+\sqrt{x}\arctan x$

2.8

3. $f(t)=\dfrac{1}{1+\sqrt{t}}-\dfrac{1}{1-\sqrt{t}}$

4. $y=\dfrac{\cot x}{1+\sqrt{x}}$

5. $y=\dfrac{2-x}{(1-x)(1+x^2)}$

五、求下列函数在给定点处的导数

2.9

1. 已知 $f(x)=\dfrac{3}{5-x}+\dfrac{x^2}{5}$，求 $f'(0)$。

2. 已知 $y=x\sin x+\dfrac{1}{2}\cos x$，求 $\left.\dfrac{\mathrm{d}y}{\mathrm{d}x}\right|_{x=\frac{\pi}{4}}$。

3. 已知 $f(t)=\dfrac{1-\sqrt{t}}{1+\sqrt{t}}$，求 $f'(4)$。

4. 已知 $y=\dfrac{1-\cos x}{1+\cos x}$，求 $\left.y'\right|_{x=\frac{\pi}{2}}$。

5. 已知 $f(x)=a_nx^n+a_{n-1}x^{n-1}+\cdots+a_1x+a_0$，求 $f'(0)$。

拓展能力训练

1. 用求导的方法求和：$1+2x+3x^2+4x^3+\cdots+nx^{n-1}(x\neq1)$。

2.10

2. 设 $f(x)=x(x-1)(x-2)\cdots(x-10)$，求 $f'(0)$。

3. 设 $f(x)=\dfrac{(x-1)(x-2)\cdots(x-n)}{(x+1)(x+2)\cdots(x+n)}$，求 $f'(1)$。

数学是一种理性的精神，使人类的思维得以运用到最完善的程度。　——克莱因

2.2.2 复合函数求导法则的应用

内容概要

1. 复合函数求导法则

设函数 $y=f(u)$，$u=\varphi(x)$，则复合函数 $y=f(\varphi(x))$ 的导数为 $\frac{dy}{dx}=\frac{dy}{du}\cdot\frac{du}{dx}$。

2. 说明

利用复合函数求导法，首先，必须熟记基本的求导公式；其次，对求导公式 $\frac{dy}{dx}=\frac{dy}{du}\cdot\frac{du}{dx}$ 必须弄清每一项是对哪个变量求导，如 $(f(\varphi(x)))'$ 表示函数 $f(\varphi(x))$ 对自变量 x 的导数，即 $(f(\varphi(x)))'=\frac{df(\varphi(x))}{dx}$；$f'(\varphi(x))$ 表示函数 $f(\varphi(x))$ 对函数 $\varphi(x)$ 的导数，即 $f'(\varphi(x))=\frac{df(\varphi(x))}{d\varphi(x)}$。

基本能力训练

一、选择题

2.11

1. 下列函数中导数不等于 $\frac{1}{2}\sin 2x$ 的是（　　）

A. $\frac{1}{2}\sin^2 x$　　B. $\frac{1}{4}\cos x$

C. $-\frac{1}{2}\cos^2 x$　　D. $1-\frac{1}{4}\cos 2x$

2. 设函数 $f(x)=e^{-2x}$，则 $f'(x)\big|_{x=1}=$（　　）

A. e^{-2}　　B. e^2　　C. $2e^{-2}$　　D. $-2e^{-2}$

3. 设函数 $f(x)=\sin\frac{1}{x}$，则 $f'(x)=$（　　）

A. $\cos\frac{1}{x}$　　B. $\frac{1}{x^2}\cos\frac{1}{x}$

C. $\frac{1}{x}\cos\frac{1}{x}$　　D. $-\frac{1}{x^2}\cos\frac{1}{x}$

4. 设函数 $f(x)=\arctan\frac{1}{x}$，则 $f'(x)=$（　　）

A. $\frac{1}{1+x^2}$　　B. $\frac{x^2}{1+x^2}$

C. $-\frac{1}{1+x^2}$　　D. $-\frac{x^2}{1+x^2}$

二、求下列函数的导数

2.12

1. $y=(1+5x)^{10}$

2. $y=\sqrt{1-x}$

3. $y=\frac{1}{\sqrt{1-x}}$

4. $y=\ln(1+2x)$

5. $y=\sin x^2$

6. $y=\ln\cos x$

7. $y=(1-x^2)^7$

8. $y=e^{x^2}$

9. $s=3\sin\left(2t+\frac{\pi}{3}\right)$

10. $y=\arctan\sqrt{x}$

11. $y=\cos^3 x+\cos 3x$

12. $y=\sec x^2$

13. $y=\frac{1}{\cos^3 x}$

14. $y=\sqrt{1-x^2}$

15. $y=x^2\sin\frac{1}{x}$

拓展能力训练

一、求下列函数的导数

2.13

1. $y=\cos^2(1-x)$

2. $y=\ln(x+\sqrt{x^2-1})$

3. $y=\ln\ln\ln x$

4. $y=\dfrac{\cos 2x}{x^2}$

5. $y=\dfrac{1+\cos^2 x}{\sin x^2}$

6. $y=\sqrt{1+\tan\left(x+\dfrac{1}{x}\right)}$

7. $y=(x+\sin^2 x)^4$

8. $y=\dfrac{\sqrt{1+x}-\sqrt{1-x}}{\sqrt{1+x}+\sqrt{1-x}}$

二、计算题

如果(1) $f(x)=\sin x$;(2) $f(x)=x^2$,试求 $f'(f(x))$。

2.14

三、设 $f(x)$ 对 x 可导,求 $\frac{dy}{dx}$

2.15

1. $y=f(x^2)$

2. $y=f(e^x)e^{f(x)}$

3. $y=f[f(x)]$

4. $y=f(\sin^2 x)+f(\cos^2 x)$

新的数学方法和概念,常常比解决数学问题本身更重要。——华罗庚

2.2.3　隐函数求导法则的应用

内容概要

1. 隐函数的导数

假设由方程 $F(x,y)=0$ 所确定的函数为 $y=y(x)$，利用复合函数求导法则，在方程 $F(x,y)=0$ 两边同时对自变量 x 求导，再解出所求导数 $\frac{\mathrm{d}y}{\mathrm{d}x}$，这种方法称为隐函数求导法。

2. 对数求导法

先在函数两边取对数，然后在等式两边同时对自变量 x 求导，最后解出所求导数，这种方法称为对数求导法。这种方法在幂指函数、多个函数连乘及乘方开方时，是非常有效的。

基本能力训练

2.16

一、选择题

1. 设 $x^2+y^2=1$，则 $\frac{\mathrm{d}y}{\mathrm{d}x}=$(　　)

A. $\frac{x}{y}$　　B. $-\frac{x}{y}$

C. $\frac{x^2}{y^2}$　　D. $-\frac{x^2}{y^2}$

2. 设 $x=\mathrm{e}^y$，则 $\frac{\mathrm{d}y}{\mathrm{d}x}=$(　　)

A. $-\frac{1}{x}$　　B. $\frac{1}{x}$

C. $x\mathrm{e}^y$　　D. $x\mathrm{e}^{-y}$

3. 设 $x^2=\sin y$，则 $\frac{\mathrm{d}y}{\mathrm{d}x}=$(　　)

A. $\frac{2x}{\sin y}$　　B. $\frac{2x}{\cos y}$

C. $\frac{x^2}{\sin y}$　　D. $\frac{x^2}{\cos y}$

4. 设 $\ln y=x^2$，则 $\left.\frac{\mathrm{d}y}{\mathrm{d}x}\right|_{x=1}=$(　　)

A. -2　　B. 2

C. $2\mathrm{e}$　　D. $-2\mathrm{e}$

二、求由下列方程所确定的函数的导数 y'

2.17

1. $xy+e^x-e^y=0$

2. $x^2+y^2-xy=1$

3. $y=x+\ln y$

4. $y=\sin(x+y)$

三、求下列函数的导数 y'

2.18

1. $y=(1+x^2)^{\sqrt{x}}$

2. $y=\dfrac{(x+1)\sqrt[3]{x-1}}{(x+4)^2e^x}(x>0)$

拓展能力训练

1. 求椭圆 $\frac{x^2}{4}+\frac{y^2}{3}=1$ 上一点 $P\left(1,\frac{3}{2}\right)$ 处的切线方程和法线方程。

2.19

2. 已知一圆的半径以速率 a 增加，求当半径为 b 时，面积增加的速率。

对于自然界的万事万物而言，如果离开了数学的帮助，那么再敏感的也不能被发现，再简明的也不能被证明，再灵巧的也不能被使用。

——培根

2.3 高阶导数

内容概要

1. 二阶导数的概念

函数 $y=f(x)$ 的一阶导数 $y'=f'(x)$ 仍然是 x 的函数，则将一阶导数 $f'(x)$ 的导数 $(f'(x))'$ 称为函数 $y=f(x)$ 的二阶导数，记为 $f''(x)$，$\frac{d^2y}{dx^2}$ 或 y''，即 $y''=(y')'$ 或 $\frac{d^2y}{dx^2}=\frac{d}{dx}\left(\frac{dy}{dx}\right)$。

2. n 阶导数的概念

$(n-1)$ 阶导数的导数称为 n 阶导数 $(n=3,4,\cdots,n-1,n)$，分别记为 $f'''(x)$，$f^{(4)}(x)$，$\cdots$，$f^{(n-1)}(x)$，$f^{(n)}(x)$，或 y'''，$y^{(4)}$，$\cdots$，$y^{(n-1)}$，y^{n}，或 $\frac{d^3y}{dx^3}$，$\frac{d^4y}{dx^4}$，$\cdots$，$\frac{d^{n-1}y}{dx^{n-1}}$，$\frac{d^ny}{dx^n}$。二阶及二阶以上的导数称为高阶导数。

基本能力训练

一、填空题

1. 已知一质点的运动方程为 $s=3\sin\left(4t+\frac{\pi}{6}\right)$，则该质点运动的加速度 $a=$________。

2.20

2. 若函数 $y=\cos x$，则 $\frac{d^3y}{dx^3}=$________。

3. 已知 $f(x)=a_nx^n+a_{n-1}x^{n-1}+\cdots+a_1x+a_0$，则 $f^{(n)}(1)=$________。

二、计算题

1. 求函数 $y=x\cos x$ 的二阶导数。

2.21

2. 设 $y=e^{2x}$，求 $y^{(n)}$。

拓展能力训练

1. 验证函数 $y=C_1e^{\lambda x}+C_2e^{-\lambda x}$（$\lambda,C_1,C_2$ 是常数）满足关系式 $y''-\lambda^2y=0$。

2.22

2. 设 $y=\dfrac{1}{1+x}$，求 $y^{(n)}$。

3. 设 $y^2+xy-2x=0$，求 y''。

4. 设 $f(x)=\dfrac{1}{x^2+2x-3}$，求 $f^{(n)}(x)$。

5. 如果一个容器中的水量 w 随着时间的增加而增加，但增加量越来越小，则 $\dfrac{dw}{dt}$，$\dfrac{d^2w}{dt^2}$ 的正、负符号分别为什么？

数学是一种别具匠心的艺术。——哈尔莫斯

2.4 函数的微分

2.4.1 函数微分的求解

内容概要

1. 微分的定义

如果函数 $y=f(x)$ 在点 x 处的改变量 $\Delta y=f(x+\Delta x)-f(x)$，可以表示成

$$\Delta y=A\Delta x+o(\Delta x),$$

其中 $o(\Delta x)$ 是较 $\Delta x(\Delta x\to 0)$ 的高阶无穷小，则称函数 $y=f(x)$ 在点 x 处可微，称 $A\Delta x$ 为 Δy 的线性主部，又称 $A\Delta x$ 为函数 $y=f(x)$ 在点 x 处的微分，记为 $\mathrm{d}y$ 或 $\mathrm{d}f(x)$，即 $\mathrm{d}y=A\Delta x$。

2. 微分的计算

$\mathrm{d}f(x)=f'(x)\mathrm{d}x$，其中 $\mathrm{d}x=\Delta x$，x 为自变量。

3. 一阶微分形式不变性

对于函数 $f(u)$，无论 u 是自变量还是因变量，总有 $\mathrm{d}f(u)=f'(u)\mathrm{d}u$ 成立。

4. 基本初等函数的微分公式

(1) $\mathrm{d}C=0$（C 为常数）；

(2) $\mathrm{d}(x^{\mu})=\mu x^{\mu-1}\mathrm{d}x$（$\mu$ 为实数）；

(3) $\mathrm{d}(a^{x})=a^{x}\ln a\mathrm{d}x$，特别地有：$\mathrm{d}(\mathrm{e}^{x})=\mathrm{e}^{x}\mathrm{d}x$；

(4) $\mathrm{d}(\log_a x)=\dfrac{1}{x\ln a}\mathrm{d}x$，特别地有：$\mathrm{d}(\ln x)=\dfrac{1}{x}\mathrm{d}x$；

(5) $\mathrm{d}(\sin x)=\cos x\mathrm{d}x$；

(6) $\mathrm{d}(\cos x)=-\sin x\mathrm{d}x$；

(7) $\mathrm{d}(\tan x)=\sec^2 x\mathrm{d}x=\dfrac{1}{\cos^2 x}\mathrm{d}x$；

(8) $\mathrm{d}(\cot x)=-\csc^2 x\mathrm{d}x=-\dfrac{1}{\sin^2 x}\mathrm{d}x$；

(9) $\mathrm{d}(\arcsin x)=\dfrac{1}{\sqrt{1-x^2}}\mathrm{d}x$；

(10) $\mathrm{d}(\arccos x)=-\dfrac{1}{\sqrt{1-x^2}}\mathrm{d}x$；

(11) $\mathrm{d}(\arctan x)=\dfrac{1}{1+x^2}\mathrm{d}x$；

(12) $d(\operatorname{arccot}x)=-\dfrac{1}{1+x^2}dx$。

5. 微分法则

若函数 $u(x),v(x)$ 在点 x 处可微，则

(1) $d[u(x)\pm v(x)]=du(x)\pm dv(x)$；

(2) $d[u(x)v(x)]=v(x)du(x)+u(x)dv(x)$，特别地有：$d[Cu(x)]=Cdu(x)$（$C$ 为任意常数）；

(3) $d\left[\dfrac{u(x)}{v(x)}\right]=\dfrac{v(x)du(x)-u(x)dv(x)}{v^2(x)}[v(x)\neq 0]$。

基本能力训练

一、填空题

2.23

1. $d\ln x^2=$__________ $dx^2=$__________ dx。

2. $de^{\cos x}=$__________ $d\cos x=$__________ dx。

3. $d\sin\dfrac{1}{x}=$__________ $d\dfrac{1}{x}=$__________ dx。

4. $d\sin^n x=$__________ $d\sin x=$__________ dx。

5. d__________ $=\dfrac{1}{x}dx$。

6. d__________ $=\dfrac{1}{\sqrt{x}}dx$。

7. d__________ $=\left(1+\dfrac{1}{x}\right)dx$。

8. d__________ $=\cos x dx$。

9. d__________ $=\sin x dx$。

10. d__________ $=\dfrac{1}{1+x^2}d(1+x^2)=$__________ dx。

11. d__________ $=e^{\frac{1}{x}}d\dfrac{1}{x}=$__________ dx。

12. $de^{\sin^2 x}=$__________ $d\sin^2 x=$__________ $d\sin x=$__________ dx。

二、计算题

1. 若函数 $y=x^2+1$，已知在 $x=1$ 处，$\Delta x=0.01$，试计算 dy，Δy 及 $\Delta y-dy$。

2.24

2. 设 $y=(x^2+2x)(x-4)$，求 $\mathrm{d}y$。

3. 设 $y=\arcsin(2x^2-1)$，求 $\mathrm{d}y$。

4. 设 $y=2\ln^2 x+x$，求 $\mathrm{d}y$。

5. 设 $y=\mathrm{e}^{\arctan\sqrt{x}}$，求 $\mathrm{d}y$。

6. 设 $y=\sqrt{2-x^2}$，求 $\mathrm{d}y\big|_{x=1}$。

7. 设 $y=(\ln x)^2$，求 $\mathrm{d}y$。

8. 设 $y=\dfrac{x^3+1}{x^3-1}$，求 $\mathrm{d}y$。

拓展能力训练

计算题

2.25

1. 设 $y=\ln(1+\mathrm{e}^{10x})+\operatorname{arccot}\mathrm{e}^{5x}$，求 $\mathrm{d}y\Big|_{\substack{x=0\\ \mathrm{d}x=0.1}}$。

2. 已知 $\arctan\dfrac{x}{y}=\ln\sqrt{x^2+y^2}$，求 $\mathrm{d}y$。

3. 已知 $y=\mathrm{e}^{\arctan\sqrt{x}}+\sqrt{x-\sqrt{x}}$，求 $\mathrm{d}y$。

没有大胆的猜想，就做不出伟大的发现。——牛顿

2.4.2 微分的运用

内容概要

1. 微分进行近似计算的理论依据

对于函数 $y=f(x)$，若在点 x_0 处可导，且导数 $f'(x_0)\neq 0$，则当 $|\Delta x|$ 很小时，有函数的增量近似等于函数的微分，即有近似公式 $\Delta y\approx \mathrm{d}y$。

2. 常用的近似计算公式($|x|$很小)

$$\sin x\approx x;\tan x\approx x;\ln(1+x)\approx x;\mathrm{e}^x\approx 1+x;\frac{1}{1+x}\approx 1-x;\sqrt[n]{1+x}\approx 1+\frac{1}{n}x。$$

3. 绝对误差和相对误差

如果某个量的精确值为 A，它的近似值为 a，那么 $|A-a|$ 叫作 a 的绝对误差，而绝对误差 $|A-a|$ 与 $|a|$ 的比值 $\frac{|A-a|}{|a|}$ 叫作 a 的相对误差。

基本能力训练

1. 利用微分计算 $\sin 30°30'$ 的近似值。

2.26

2. 计算球体体积时，要求精确度在 2%以内。问：这时测量直径 D 的相对误差不能超过多少？

第2章自测题

一、选择题

1. 某物体运动时，其路程 s 与时间 t（单位：s）的函数关系是 $s=2(t-1)^2$，则它在 $t=2$s 时的瞬时速度为（　　）

A. 4　　B. $4+\Delta t$　　C. $4+2\Delta t$　　D. 2

2.27

2. 设 $y=e^x+e^{-x}$，则 $y^{(n)}=$（　　）

A. e^x+e^{-x}　　B. e^x-e^{-x}　　C. $e^x+(-1)^n e^{-x}$　　D. $e^x+(-1)^{n-1}e^{-x}$

3. 已知四个函数：$f(x)=x^2$，$f(x)=\frac{1}{x}$，$f(x)=\sqrt{x}$，$f(x)=|x|$，则 $f'(0)$存在的个数是（　　）

A. 0　　B. 1　　C. 2　　D. 3

4. $\frac{d\cos x^2}{dx^2}=$（　　）

A. $\sin(x^2)$　　B. $-\sin(x^2)$　　C. $2x\sin(x^2)$　　D. $-2x\sin(x^2)$

5. 设 $y=3^{\sin x}$，则 $y'=$（　　）

A. $3^{\sin x}\ln 3$　　B. $3^{\sin x}\cos x$　　C. $3^{\sin x}\cos x\ln 3$　　D. $3^{\sin x-1}\sin x$

二、填空题

1. 曲线 $y=\sin x$ 在点 $\left(\frac{\pi}{6},\frac{1}{2}\right)$处的切线方程为__________。

2.28

2. 如果函数 $y=f(x)$在点 x_0 处的导数

(1) $f'(x_0)=0$，则函数的图像在对应点处的切线的倾斜角为__________；

(2) $f'(x_0)=-1$，则函数的图像在对应点处的切线的倾斜角为__________。

3. 物体的运动方程为 $s=\sin\left(t-\frac{\pi}{6}\right)$，则该物体在时刻 t 的加速度 $a=$__________。

4. 若 $y=\tan x$，则 $y'\big|_{x=\pi}=$__________。

5. 若 $f(x)=2^{x-1}-\log_2(1-x)$，则 $f'(0)=$__________。

6. 若 $f(x)=x^2$，则 $\lim\limits_{x\to 1}\frac{f(x)-f(1)}{x-1}=$__________。

7. 当$|x|$很小时，$\sin x\approx$__________。

三、求下列函数的导数

1. $y=x^3(1-\sqrt{x})$

2. $y=\ln(1-2x^2)$

2.29

3. $y=\sqrt{1+\ln^2 x}$

4. $y=(x+\ln^2 x)^4$

5. $y=\frac{1}{1+\sqrt{x}}-\frac{1}{1-\sqrt{x}}$

6. $y=\sin x^2+\sin^2 x$

7. $y=\ln\sqrt{1+x^2}+\frac{1}{\sqrt{2+x}}$

8. $y=\left(1+\frac{1}{x}\right)^x$

四、求由下列方程所确定的函数 $y=y(x)$ 的导数 $\frac{dy}{dx}$

2.30

1. $xe^y+ye^x=0$

2. $x^3+y^3-3axy=0$

3. $e^{x+y}-xy^2=1$

五、求下列函数在指定点的导数

2.31

1. 设 $f(x)=3x^4+2x^3+5$，求 $f'(0)$。

2. 设 $f(x)=\frac{x}{\cos x}$，求 $f'(\pi)$。

3. 设 $y=x\ln(x+1)$，求 $y''(1)$。

4. 设 $y=y(x)$ 由方程 $x(1+y^2)-\ln(x^2+2y)=0$ 所确定，求 $y'(0)$。

六、求下列函数的微分

2.32

1. $y=x\ln x-x$

2. $y=[\ln(1-x)]^2$

3. $y=\sin^2 x$

4. $y=\frac{x}{1-x^2}$

5. $y=x^2e^{-2x}$

6. $y=(x^2-2x+3)e^{-x}$

7. $y=\ln(\ln x)$

8. $y=e^{-3\sin^2\frac{1}{x}}$

七、解析题

求曲线 $\begin{cases}x=2e^t\\y=e^{-t}\end{cases}$ 在 $t=0$ 相应点处的切线方程及法线方程。

2.33

八、应用题

测得一张圆形盘片的半径为 24cm，已知最大可能的测量误差是 0.2cm。

(1)利用微分估计在计算圆盘面积时的最大误差。

(2)求相对误差。

2.34

数学对观察自然做出重要的贡献，它解释了规律结构中简单的原始元素，而天体就是用这些原始元素建立起来的。

——开普勒

第3章

导数的应用

3.1　微分中值定理的应用

内容概要

1. 拉格朗日中值定理

如果函数 $f(x)$ 满足下列条件：

(1)在闭区间 $[a,b]$ 上连续；

(2)在开区间 (a,b) 内可导，

那么，在区间 (a,b) 内至少有一点 $\xi(a<\xi<b)$，使等式 $f(b)-f(a)=f'(\xi)(b-a)$ 成立。

2. 罗尔定理

如果函数 $f(x)$ 满足下列条件：

(1)在闭区间 $[a,b]$ 上连续；

(2)在开区间 (a,b) 内可导；

(3) $f(a)=f(b)$，

那么，在区间 (a,b) 内至少有一点 $\xi(a<\xi<b)$，使等式 $f'(\xi)=0$ 成立。

基本能力训练

一、选择题

1. 以下使函数 $f(x)=\dfrac{x+1}{x}$ 在区间 $[1,2]$ 上满足拉格朗日中值定理的 ξ 是(　　)

3.1

A. $\sqrt{2}$　　B. $-\sqrt{2}$　　C. $\frac{1}{\sqrt{2}}$　　D. $-\frac{1}{\sqrt{2}}$

2. 下列各函数在给定区间上满足拉格朗日中值定理的是(　　)

A. $y=|x|,[-1,1]$　　B. $y=\frac{1}{x},[-1,2]$

C. $y=\sqrt[3]{x^2},[-1,1]$　　D. $y=e^{-x},[-2,2]$

二、证明题

1. 设 $f(x)=(x-1)(x-2)(x-3)$，求证：方程 $f'(x)=0$ 有两个实根，并指出它们所在的区间。

3.2

2. 求证：当 $x>0$ 时，$e^x>x+1$。

拓展能力训练

证明题

1. 试用拉格朗日中值定理求证：$|\sin b-\sin a|\leqslant|b-a|$。

3.3

2. 当 $x>0$ 时，求证：不等式 $\frac{x}{1+x}<\ln(1+x)<x$。

3.2　洛必达法则的应用

内容概要

如果函数 $f(x)$ 和 $g(x)$ 满足下列条件：

(1) $\lim\limits_{x\to x_0} f(x)=0$，$\lim\limits_{x\to x_0} g(x)=0$；

(2) 在 x_0 的某邻域内(点 x_0 本身可除外)可导，且 $g'(x)\neq 0$；

(3) $\lim\limits_{x\to x_0}\dfrac{f'(x)}{g'(x)}=A$(或$\infty$)，

则 $\lim\limits_{x\to x_0}\dfrac{f(x)}{g(x)}=\lim\limits_{x\to x_0}\dfrac{f'(x)}{g'(x)}=A$(或$\infty$)。

说明：(1) 这个定理告诉我们，当 $x\to x_0$ 时，$\dfrac{0}{0}$ 型未定式的值在符合定理条件的前提下，可以通过对分子、分母分别求导，再求极限而确定；

(2) 定理只对 $x\to x_0$ 时进行了描述，对于 x 的其他变化趋势也成立；

(3) $\dfrac{\infty}{\infty}$ 型未定式的极限也有类似于 $\dfrac{0}{0}$ 型未定式极限的洛必达法则；

(4) 洛必达法则不是万能的，在某些特殊情形下应用洛必达法则可能失效，需另寻其他方法。

基本能力训练

一、选择题

3.4

1. $\lim\limits_{x\to\infty}\dfrac{x^2+x-3}{2x^2+x+4}=$(　　)

A. 1　　B. $\dfrac{1}{2}$　　C. 0　　D. ∞

2. 下列极限式中，能够使用洛必达法则的是(　　)

A. $\lim\limits_{x\to 0}\dfrac{x+\cos x}{x}$

B. $\lim\limits_{x\to\infty}\dfrac{x^2\sin\dfrac{1}{x}}{\sin x}$

C. $\lim\limits_{x\to 0}\dfrac{x+\cos x}{x+\sin x}$

D. $\lim\limits_{x\to+\infty}\dfrac{\sqrt{x}+1+x^2}{\sqrt{x}}$

3. 对于 $\lim\limits_{x\to\infty}\dfrac{\arctan x}{x}=\lim\limits_{x\to\infty}\dfrac{(\arctan x)'}{(x)'}=\lim\limits_{x\to\infty}\dfrac{1}{1+x^2}=0$，下面正确的选项是(　　)

A. 正确

B. 错误，因为 $\lim\limits_{x\to\infty}\dfrac{\arctan x}{x}$ 不存在

C. 错误,因为 $\lim\limits_{x\to\infty}\dfrac{\arctan x}{x}$ 不是 $\dfrac{\infty}{\infty}$ 型　　D. 错误,因为 $\lim\limits_{x\to\infty}\dfrac{\arctan x}{x}$ 不等于 0

4. $\lim\limits_{x\to 0}\dfrac{\sin x-x}{x\sin x}=$(　　)

A. -1　　B. 1　　C. 0　　D. 不存在

二、计算题

3.5

1. $\lim\limits_{x\to 0}\dfrac{x^3}{x-\sin x}$

2. $\lim\limits_{x\to 0}\dfrac{\sin 3x}{\sin 5x}$

3. $\lim\limits_{x\to 0}\dfrac{e^x-e^{-x}}{\sin x}$

4. $\lim\limits_{x\to 0}\dfrac{\ln(1+x^2)}{x^2}$

5. $\lim\limits_{x\to+\infty}\dfrac{e^x}{x^6}$

6. $\lim\limits_{x\to 0}\dfrac{\tan x-\sin x}{\sin^3 x}$

拓展能力训练

计算题

3.6

1. $\lim\limits_{x\to 1^+}\left(\dfrac{x}{x-1}-\dfrac{1}{\ln x}\right)$

2. $\lim\limits_{x\to 0}\dfrac{x(e^x-1)}{\cos x-1}$

3. $\lim\limits_{x\to 0}\left(\dfrac{1}{x}-\dfrac{1}{e^x-1}\right)$

4. $\lim\limits_{x\to +\infty} x^{\frac{1}{x}}$

五个男人和一只猴子因翻船来到一个小岛上。第一天,他们花了一天工夫来采集椰子。夜里,有一个人醒了,他决定取走自己的一份椰子,于是他把椰子分成五堆,结果还剩下一只椰子,他便把这只椰子给了猴子,然后他把自己的一份藏好,就回去睡觉了。过了一会儿,第二个人也醒了,也干了这样的事。他把椰子分成五堆以后,还剩一只,便把这只椰子给了猴子,然后他把自己的那一份藏好,也回去睡觉了。以后,第三个人、第四个人和第五个人一点不差地全都这样做了。第二天早晨他们都起身之后,把剩下的椰子分成五份,这次就没有剩余的椰子了。

他们原来采集了多少椰子?(答案有无数多个,最小是 3121)

3.3 函数的单调性与极值的应用

内容概要

1. 函数的单调性判定定理

设函数 $f(x)$在$[a,b]$上连续，在(a,b)内可导。

(1)如果在(a,b)内 $f'(x)>0$，那么 $f(x)$在(a,b)内单调增加；

(2)如果在(a,b)内 $f'(x)<0$，那么 $f(x)$在(a,b)内单调减少。

2. 极值的定义

设函数 $f(x)$在点 x_0 的某邻域内有定义，且对此邻域内任一点 $x(x\neq x_0)$，均有 $f(x)<f(x_0)$，则称 $f(x_0)$是函数 $f(x)$的一个极大值；如果对此邻域内任一点 $x(x\neq x_0)$，均有 $f(x)>f(x_0)$，则称 $f(x_0)$是函数 $f(x)$的一个极小值。函数的极大值和极小值统称为函数的极值，使函数取得极值的点 x_0 称为极值点。

3. 极值存在的必要条件

设函数 $f(x)$在点 x_0 处导数存在，且在点 x_0 处取得极值，则函数 $f(x)$在点 x_0 处的导数 $f'(x_0)=0$，即 x_0 是函数 $f(x)$的驻点。

4. 极值存在的第一充分条件

设函数 $f(x)$在点 x_0 连续，在点 x_0 的某一个邻域内可导(x_0 可除外)，当 x 由小增大经过 x_0 时：

(1)如果 $f'(x)$的符号由正变负，则 $f(x)$在点 x_0 处取得极大值；

(2)如果 $f'(x)$的符号由负变正，则 $f(x)$在点 x_0 处取得极小值；

(3)如果 $f'(x)$的符号不变，则 $f(x)$在点 x_0 处取不到极值。

5. 极值存在的第二充分条件

设函数 $f(x)$在点 x_0 的某一个邻域内的二阶导数 $f''(x)$存在且连续，又 $f'(x_0)=0$。

(1)如果 $f''(x_0)<0$，则 $f(x)$在点 x_0 处取得极大值；

(2)如果 $f''(x_0)>0$，则 $f(x)$在点 x_0 处取得极小值。

注意：极值存在的第一充分条件和第二充分条件的使用存在区别。

6. 求函数 $y=f(x)$的单调区间和极值的步骤

(1)确定函数 $y=f(x)$的定义区间；

(2)求出临界点，即函数 $y=f(x)$在其定义区间内的驻点(即 $y'=0$ 的点)、导数不存在的点；

(3)将临界点由小到大排列，把定义区间分成若干子区间，确定 y'在每个子区间内的符号；

(4)根据每个子区间内 y'的符号确定 $y=f(x)$的单调区间和临界点处的极值。

基本能力训练

一、选择题

3.7

1. 若函数 $y=ax^2+c$ 在区间 $(0,+\infty)$ 内单调增加，则 a,c 应满足的条件是(　　)

A. $a<0$，且 $c=0$　　B. $a<0$，且 c 是任意常数

C. $a<0$，且 $c\neq 0$　　D. $a>0$，且 c 是任意常数

2. 函数 $y=x^2+1$ 在区间 $[-2,0]$ 上是(　　)

A. 单调增加　　B. 单调减少

C. 不增不减　　D. 有增有减

3. 函数 $y=16x^2(x-1)^2$ 在区间 $(0,1)$ 内是(　　)

A. 单调增加　　B. 单调减少

C. 不增不减　　D. 有增有减

4. 下列说法中不正确的是(　　)

A. 可导函数的驻点不一定是极值点，极值点一定是驻点

B. 函数 $f(x)$ 的极大值不一定大于极小值

C. $f(x)$ 在区间 (a,b) 内可导，且在某点处有 $f'(x)=0$，则 $f(x)$ 在区间 (a,b) 内是常数

D. 使 $f'(x_0)=0$ 的点 x_0 称为函数的驻点

5. 函数 $f(x)=\frac{1}{2}(e^x+e^{-x})$ 的极小值点为(　　)

A. 1　　B. -1　　C. 0　　D. 不存在

6. 函数 $y=\ln(x^2-1)$ 在区间 $(1,+\infty)$ 内(　　)

A. 处处单调增加　　B. 处处单调减少

C. 具有极小值　　D. 具有极大值

二、填空题

3.8

1. 在区间 (a,b) 内，如果函数 $f(x)$ 的导数 $f'(x)$____________，那么函数 $f(x)$ 在该区间单调增加；如果 $f'(x)$____________，那么函数 $f(x)$ 在该区间单调减少。

2. 函数 $y=2x^2-\ln x(x>0)$ 的单调增加区间是__________，单调减少区间是__________。

3. 只有两种点可能是极值点：________________________。

4. 设 $x_1=1,x_2=2$ 均为函数 $y=a\ln x+bx^2+3x$ 的极值点，则 $a=$____________，$b=$____________。

5. 函数 $y=x+\frac{4}{x}$ 在其定义域内的极大值是____________，极小值是____________。

三、计算题

1. 求函数 $y=2x^3+3x^2-12x+10$ 的极值和单调区间。

3.9

2. 求函数 $y=x-\frac{3}{2}x^{\frac{2}{3}}$ 的极值和单调区间。

拓展能力训练

证明题

1. 求证：$\frac{1}{3}\tan x+\frac{2}{3}\sin x>x, x\in\left(0,\frac{\pi}{2}\right)$。

3.10

2. 求证：当 $b>a>0$ 时，$\ln\frac{b}{a}>\frac{2(b-a)}{b+a}$。

3. 试证：当 $0\leqslant x\leqslant\frac{\pi}{2}$ 时，$\sin x>\frac{2x}{\pi}$。

一种科学只有在成功地运用数学时，才算真正达到完善的地步。 ——马克思

3.4　实际问题中最优化问题的求解

内容概要

1. 函数的最值定义

函数在$[a,b]$上的最大值、最小值一般统称为最值。

2. 极值与最值的关系

函数的极值是函数在一个局部范围内的性质，函数的最值是函数在整个定义区间上的性质。因此，极值不一定是最值，而最值一般可以在函数的极值点或者区间的端点处取得。极值点是区间内部的点，不可能是区间端点，而最值点却可能是区间端点。极值点不一定是驻点，驻点也不一定是极值点。特别地，如果函数在给定区间内是单调增加(减少)的，则最大值产生在右(左)端点处，最小值产生在左(右)端点处。

3. 确定最值点和最值的步骤

(1)找出函数 $f(x)$的驻点、导数不存在的点和区间端点；

(2)求出上述所有点的函数值；

(3)比较函数值，最大(小)者为最大(小)值，其对应的点为最大(小)值点。

基本能力训练

一、填空题

1. 当__________时，函数 $y=x^3+(8-x)^3$ 在$[2,8]$上有最小值；当__________时，此函数有最大值。

2. 函数 $y=x^5-5x^4+5x^3+1$ 在$[-1,2]$上的最小值是________，最大值是________。

3.11

二、应用题

1. 依墙围一个面积为 128m^2 的矩形，如何围用材最少？

3.12

2. 已知矩形的长和宽分别是 x 和 y，其周长为 24，将其绕宽边 y 旋转一周构成一立体。问：x 和 y 各为多少时这一立体的体积最大？

3. 制作一个体积为 $54\pi m^3$ 且封口的圆柱体容器，怎样设计才能使用料最省？

4. 制作一个底面为正方形、体积为 $125m^3$ 的长方体容器(无盖)，已知底面单位造价是周围单位造价的 2 倍。问：如何设计可以使总造价最低？

拓展能力训练

应用题

1. 已知横梁的强度与其矩形断面的宽和高的平方之积成正比。现在要将直径为 d 的圆木锯成强度最大的横梁，问：断面的高和宽应是多少？

3.13

2. 一租赁公司有 40 套设备要出租。当租金定为每套每月 200 元时，该设备可以全部出租；当租金每套每月增加 10 元时，出租的设备就会减少一套。而对于出租的设备，每套每月还需要花 20 元的维修费。问：每套每月的租金定为多少时，该公司可获得最大利润？

高等数学的主要基础之一是这样一个矛盾：在一定条件下，直线与曲线应当是一回事。

——恩格斯

3.5 曲线的凹凸区间与拐点的求解

内容概要

1. 曲线凹凸性定义

设函数 $f(x)$ 在某区间 I 上连续，

(1)若曲线弧位于其任一点切线的上方，则称曲线弧在该区间内是凹的(或称上凹)；

(2)若曲线弧位于其任一点切线的下方，则称曲线弧在该区间内是凸的(或称下凹)；

(3)连续曲线弧上，凹弧与凸弧的分界点称为曲线的拐点。

2. 曲线凹凸性判定定理

设函数 $f(x)$ 在区间 $[a,b]$ 上连续，在区间 (a,b) 内存在二阶导数，

(1)若在 (a,b) 内，$f''(x)>0$，则曲线在 (a,b) 内是凹的；

(2)若在 (a,b) 内，$f''(x)<0$，则曲线在 (a,b) 内是凸的。

3. 拐点的判定定理

设 $f(x)$ 在 x_0 的某邻域 $(x_0-d,x_0+d)(d>0)$ 内有二阶导数，且 $f''(x_0)=0$。若在这个邻域内：

(1)当 $x<x_0$ 与 $x>x_0$ 时，$f''(x)$ 异号，则点 $(x_0,f(x_0))$ 是曲线 $y=f(x)$ 的拐点；

(2)当 $x<x_0$ 与 $x>x_0$ 时，$f''(x)$ 同号，则点 $(x_0,f(x_0))$ 不是曲线 $y=f(x)$ 的拐点。

基本能力训练

一、选择题

3.14

1. $f''(x_0)=0$ 是 $f(x)$ 的图形在点 $x=x_0$ 处有拐点的(　　)

A. 必要条件　　B. 充分条件

C. 充分必要条件　　D. 以上都不是

2. 若点 $(1,3)$ 是曲线 $y=ax^3+bx^2$ 的拐点，则(　　)

A. $a=\frac{9}{2},b=-\frac{3}{2}$　　B. $a=-6,b=9$

C. $a=-\frac{3}{2},b=\frac{9}{2}$　　D. 以上都不对

3. 在区间 $(1,+\infty)$ 内，曲线 $y=\ln(x^2+1)$(　　)

A. 下降，且向上凸　　B. 下降，且向下凸

C. 上升，且向上凸　　D. 上升，且向下凸

二、简答题

3.15

1. 讨论函数 $f(x)=x^2$ 在区间 $(-\infty,+\infty)$ 的凹凸性。

2. 讨论函数 $f(x)=\arctan x$ 的凹凸性。

3. 求曲线 $f(x)=3x^2-x^3$ 的凹凸区间及拐点。

拓展能力训练

简答题

1. 求曲线 $f(x)=e^{-x^2}$ 的凹凸区间及拐点。

3.16

2. 求曲线 $f(x)=\frac{1}{x^2+1}$ 的凹凸区间及拐点。

拉格朗日(1736—1813)，法国数学家、力学家、天文学家。早期拉格朗日就学于都灵皇家炮兵学校，少年时对数学不感兴趣，但由于读了一篇关于牛顿微积分成就的短文，从此迷上了数学。19 岁尚未毕业的拉格朗日便成了炮兵学校的数学教授，并很快在数学领域作出了巨大的贡献，成为那个时代最伟大的数学家之一。

拉格朗日完成了继牛顿之后最伟大的经典力学著作——《分析力学》，晚期又完成了两大分析巨著——《解析函数论》和《函数计算讲义》。

拉格朗日在数学分析、代数方程理论、变分法、分析力学和天体力学、偏微分方程积分法、球面天文学、制图等方面均取得了重要的成果。

3.6　实际问题中曲率的求解

内容概要

1. 曲率定义

设光滑曲线$\overset{\frown}{MN}$两端切线的转角为$|\Delta\alpha|$，弧长为$|\Delta s|$，若当点 N 沿曲线趋近于M，即$\Delta s\to 0$ 时，平均曲率的极限$\lim\limits_{\Delta s\to 0}\left|\dfrac{\Delta\alpha}{\Delta s}\right|$存在，则该极限称为曲线在点 M 的曲率，记为

$$K=\lim_{\Delta s\to 0}\left|\frac{\Delta\alpha}{\Delta s}\right|=\left|\frac{\mathrm{d}\alpha}{\mathrm{d}s}\right|。$$

2. 曲率的计算

设函数 $y=f(x)$具有二阶导数，则曲线 $y=f(x)$在 $M(x,y)$处的曲率为

$$K=\left|\frac{\mathrm{d}\alpha}{\mathrm{d}s}\right|=\frac{|y''|}{(1+y'^2)^{\frac{3}{2}}}。$$

3. 曲率圆与曲率半径

以点 C 为圆心、$r=\dfrac{1}{K}$为半径的圆称为曲线L 在点M 处的曲率圆，其半径 $r=\dfrac{1}{K}$称为曲线L 在点M 处的曲率半径，点C称为曲线L 在点M 处的曲率中心。

基本能力训练

简答题

3.17

1. 求直线 $y=ax+b$ 的曲率。

2. 求下列曲线在指定点处的曲率：

(1)$y=x^2-2x+2$ 的顶点处；

(2)$x^2+2y^2=3$ 在点(1,1)处；

(3)$y=\tan x$ 在点$\left(\dfrac{p}{4},1\right)$处。

拓展能力训练

简答题

1. 在曲线弧 $y=\sin x(0<x<\pi)$ 上，哪一点处的曲率最大？

3.18

2. 已知工件内表面型线为抛物线 $y=0.5x^2$（单位：cm）。现在要用砂轮磨削内表面，选择多大直径砂轮较合适？

在一切理论成就中，未必再有什么像17世纪下半叶微积分的发现那样被看作人类精神的最高胜利了。如果在某个地方我们看到人类精神的纯粹的和唯一的功绩，那也就正是在这里。

——恩格斯

第3章自测题

一、选择题

3.19

1. 下列函数在指定区间$(-\infty,+\infty)$内单调增加的是(　　)

A. $\sin x$　　B. e^x

C. x^2　　D. $3-x$

2. 曲线 $y=(x-1)^3$ 的驻点是(　　)

A. $(1,0)$　　B. $x=1$　　C. $x=\pm 1$　　D. $y=0$

3. 下列说法中正确的是(　　)

A. 函数的驻点一定是极值点

B. 若 $f(x)$在 x_0 处可导,则$|f(x)|$在点 x_0 处一定不可导

C. 若 $f''(x_0)=0$,则点$(x_0,f(x_0))$一定是曲线 $y=f(x)$的拐点

D. 若 x_0 为函数 $y=f(x)$的极值点,则 $f'(x_0)=0$ 或 $f'(x_0)$不存在

4. 若函数 $f(-x)=-f(x)(x\in\mathbf{R})$,在区间$(0,+\infty)$内,$f'(x)>0$,$f''(x)<0$,则在区间$(-\infty,0)$内,下列选项正确的是(　　)

A. $f'(x)>0,f''(x)<0$　　B. $f'(x)>0,f''(x)>0$

C. $f'(x)<0,f''(x)>0$　　D. $f'(x)<0,f''(x)<0$

5. 下列极限中能使用洛必达法则的是(　　)

A. $\lim\limits_{x\to 0}\dfrac{x^2\sin\dfrac{1}{x}}{\sin x}$　　B. $\lim\limits_{x\to 1}\dfrac{1-x}{1-\sin x}$

C. $\lim\limits_{x\to+\infty}\dfrac{\sqrt{1+x^2}}{x}$　　D. $\lim\limits_{x\to\infty}\dfrac{\ln(3x^2+1)}{\ln(x^4+3)}$

二、填空题

3.20

1. $\lim\limits_{x\to 0}\dfrac{x^2\cos\dfrac{1}{x}}{\sin x}=$________。

2. 函数 $y=x-\ln(1+x)$在区间________内单调增加,在区间________内单调减少,在点________处有极值。

3. 函数 $y=\ln(1+x^4)$在$[-1,2]$上的极小值为________。

4. 若函数 $y=x^3+ax+b$ 在点 $x=1$ 处取得极小值-2,则 $a=$________,$b=$________。

5. 若点$(1,2)$是曲线 $y=ax^3-bx^2$ 的拐点,则 $a=$________,$b=$________。

三、简答题

1. 求极限$\lim\limits_{x\to 0}\left[\dfrac{1}{\ln(1+x)}-\dfrac{1}{x}\right]$。

3.21

2. 求曲线 $y=\ln(1-x^2)$ 的单调区间和极值，凹凸区间和拐点。

3. 求函数 $y=\dfrac{x^2}{1+x^2}$ 在区间 $\left[-\dfrac{1}{2},1\right]$ 上的最大值和最小值。

四、应用题

1. 某厂生产某种产品 q 件时的总成本函数为 $C(q)=20+4q+0.01q^2$（元），单位销售价格为 $p=14-0.01q$（元/件）。问：当产量为多少时可使利润达到最大？最大利润是多少？

3.22

2. 要造一圆柱形油罐，体积为 V。问：底半径 r 和高 h 等于多少时，才能使表面积最小？这时底直径与高的比是多少？

除了英语之外，数学、统计学对理工科学生也是很重要的基础课程，是不可忽视的。数学是人类几千年的智慧结晶，你们一定要用心把它学好，不能敷衍了事。我今天就很后悔自己当初没有花更多工夫把数学学得更好些。另外，计算机应用、算法和编程也都是每一个工科学生应该熟悉和掌握的，将来它们是人人必须会用的工具。 ——李开复

第4章

不定积分

4.1　不定积分的概念和性质

内容概要

1. 原函数定义

设 $f(x)$ 是定义在某区间的已知函数，若存在函数 $F(x)$，使得 $F'(x) = f(x)$ 或 $\mathrm{d}F(x) = f(x)\mathrm{d}x$，则称 $F(x)$ 为 $f(x)$ 的一个原函数。

2. 原函数存在定理

如果函数 $f(x)$ 在某区间上连续，那么在该区间上的原函数必定存在。

3. 原函数族定理

若 $F(x)$ 是 $f(x)$ 在某区间上的一个原函数，则 $F(x)+C$ 是 $f(x)$ 在该区间上的所有原函数。

4. 不定积分的概念

将函数 $f(x)$ 在区间 I 上的一个原函数设为 $F(x)$，那么 $F(x)+C$（C 为任意常数）称为 $f(x)$ 在区间 I 上的不定积分，记为 $\int f(x)\mathrm{d}x = F(x)+C$，其中 $F'(x) = f(x)$。

5. 积分运算与微分运算互为逆运算

$\left[\int f(x)\mathrm{d}x\right]' = f(x)$ 或 $\mathrm{d}\left[\int f(x)\mathrm{d}x\right] = f(x)\mathrm{d}x$；

$\int F'(x)\mathrm{d}x = F(x)+C$ 或 $\int \mathrm{d}F(x) = F(x)+C$。

6. 不定积分的性质

性质 1：$\int kf(x)\mathrm{d}x = k\int f(x)\mathrm{d}x$（$k$ 为常数，且 $k \neq 0$）。

性质 2：$\int [f(x) \pm g(x)]\mathrm{d}x = \int f(x)\mathrm{d}x \pm \int g(x)\mathrm{d}x$。

7. 积分基本公式

(1) $\int k\mathrm{d}x = kx + C$（$k$ 为常数）；　(2) $\int x^{\alpha}\mathrm{d}x = \dfrac{x^{\alpha+1}}{\alpha+1} + C(\alpha \neq -1)$；

(3) $\int \dfrac{1}{x}\mathrm{d}x = \ln|x| + C$；　(4) $\int a^{x}\mathrm{d}x = \dfrac{a^{x}}{\ln a} + C$，特别地有：$\int \mathrm{e}^{x}\mathrm{d}x = \mathrm{e}^{x} + C$；

(5) $\int \cos x\mathrm{d}x = \sin x + C$；　(6) $\int \sin x\mathrm{d}x = -\cos x + C$；

(7) $\int \sec^2 x\mathrm{d}x = \tan x + C$；　(8) $\int \csc^2 x\mathrm{d}x = -\cot x + C$；

(9) $\int \sec x \cdot \tan x\mathrm{d}x = \sec x + C$；　(10) $\int \csc x \cdot \cot x\mathrm{d}x = -\csc x + C$；

(11) $\int \dfrac{1}{\sqrt{1-x^2}}\mathrm{d}x = \arcsin x + C$；　(12) $\int \dfrac{1}{1+x^2}\mathrm{d}x = \arctan x + C$。

8. 直接积分法

直接按积分基本公式和积分性质求出结果，或被积函数经过适当的恒等变形，再利用积分的性质，按积分基本公式求出结果，这样的积分方法，叫作直接积分法。

基本能力训练

一、选择题

4.1

1. 如果函数 $f(x)$ 存在着原函数，则 $f(x)$ 的原函数一定有(　　)
   A. 一个　　B. 两个
   C. 有限多个　　D. 无穷多个

2. 设 $F(x)$、$G(x)$ 都是 $f(x)$ 的原函数，则必定有(　　)
   A. $F(x) - G(x) = 0$　　B. $F(x) + G(x) = 0$
   C. $F(x) - G(x) = C$　　D. $F(x) + G(x) = C$

3. 函数 $f(x)$ 的不定积分是 $f(x)$ 的(　　)
   A. 导数　　B. 微分　　C. 某个原函数　　D. 全部原函数

4. 函数 $\cos 2x$ 的一个原函数是(　　)
   A. $\sin 2x$　　B. $-\sin 2x$　　C. $\dfrac{1}{2}\sin 2x$　　D. $-\dfrac{1}{2}\sin 2x$

5. 已知函数 $f(x)$ 的一个原函数是 $\sin x$，则 $f'(x) = $(　　)
   A. $\sin x$　　B. $-\sin x$　　C. $\cos x$　　D. $-\cos x$

6. 已知 $\int f(x)\mathrm{e}^{\frac{1}{x}}\mathrm{d}x = \mathrm{e}^{\frac{1}{x}} + C$，则 $f(x) = $(　　)
   A. 1　　B. $-\dfrac{1}{x}$　　C. x　　D. $-\dfrac{1}{x^2}$

7. 如果 $\int f'(x)\mathrm{d}x = \int g'(x)\mathrm{d}x$，则必定有(　　)
   A. $f(x) = g(x)$　　B. $\int f(x)\mathrm{d}x = \int g(x)\mathrm{d}x$
   C. $f(x) = g(x) + C$　　D. $\mathrm{d}\left[\int f(x)\mathrm{d}x\right] = \mathrm{d}\left[\int g(x)\mathrm{d}x\right]$

8. 设 $f(x)=\frac{1}{x}$，则 $\int f'(x)\mathrm{d}x=$（　　）

A. $\frac{1}{x}$　　B. $\frac{1}{x}+C$　　C. $\ln x$　　D. $\ln x+C$

9. $\int\left(1+\sin\frac{\pi}{5}\right)\mathrm{d}x=$（　　）

A. $x+x\sin\frac{\pi}{5}+C$　　B. $x-x\cos\frac{\pi}{5}+C$

C. $x+\frac{\pi}{5}\sin\frac{\pi}{5}+C$　　D. $x-\cos\frac{\pi}{5}+C$

二、填空题

1. $\int\frac{1}{2\sqrt{x}}\mathrm{d}x=$ ________________。

2. $\int-\frac{1}{x^2}\mathrm{d}x=$ ________________。

4.2

3. $\left(\int 2x\mathrm{d}x\right)'=$ ________________。

4. $\mathrm{d}\left[\int(\mathrm{e}^{x^2}-x)\mathrm{d}x\right]=$ ________________。

三、计算题

4.3

1. $\int\left(x^2+2^x-\frac{4}{\sqrt{1-x^2}}\right)\mathrm{d}x$

2. $\int(a^2-x^2)^2\mathrm{d}x$

3. $\int(\sqrt{x}-1)\left(1+\frac{1}{x}\right)\mathrm{d}x$

4. $\int\frac{\mathrm{d}x}{x^2\sqrt{x}}$

5. $\int\frac{x-4}{\sqrt{x}+2}\mathrm{d}x$

6. $\int 2^x\mathrm{e}^x\mathrm{d}x$

拓展能力训练

一、计算题

4.4

1. $\int \frac{1+2x^2}{x^2(1+x^2)}dx$

2. $\int \frac{e^{2x}-1}{e^x+1}dx$

3. $\int \left(2-\sin^2\frac{x}{2}\right)dx$

4. $\int \frac{\cos 2x}{\cos x-\sin x}dx$

二、应用题

4.5

1. 一曲线经过点$(e^2,3)$，且在任一点的切线的斜率等于该点横坐标的倒数，求该曲线的方程。

2. 某物体以速度 $v=3t^2+4t$ 做直线运动，当 $t=1\text{s}$ 时，物体经过的路程 $s=3\text{m}$，求物体的运动方程。

数学能集中、强化人的注意力，能够给人以发明创造的精细和谨慎的谦虚精神，能够激发人们追求真理的勇气和信心……数学更能锻炼和发挥人们的独立工作精神。——狄尔曼

4.2　换元积分法

4.2.1　第一类换元积分法的应用

内容概要

1. 积分形式的不变性

如果$\int f(x)\mathrm{d}x = F(x)+C$，则$\int f(u)\mathrm{d}u = F(u)+C$，其中 $u=\varphi(x)$ 是 x 的任一可微函数。

2. $$\int f(\varphi(x))\varphi'(x)\mathrm{d}x \xlongequal{\text{凑微分}} \int f(\varphi(x))\mathrm{d}[\varphi(x)] \xlongequal{\text{令 }\varphi(x)=u} \int f(u)\mathrm{d}u = F(u)+C \xlongequal{\text{回代 }u=\varphi(x)} F(\varphi(x))+C$$

这种先凑微分式，再作变量置换的方法，叫作第一类换元法，也称凑微分法。

3. 常用的凑微分式子

(1)$\mathrm{d}x = \frac{1}{a}\mathrm{d}(ax+b)$；

(2)$x\mathrm{d}x = \frac{1}{2}\mathrm{d}(x^2)$；

(3) $\frac{1}{x}\mathrm{d}x = \mathrm{d}(\ln|x|)$；

(4) $\frac{1}{\sqrt{x}}\mathrm{d}x = 2\mathrm{d}\sqrt{x}$；

(5) $\frac{1}{x^2}\mathrm{d}x = -\mathrm{d}\left(\frac{1}{x}\right)$；

(6) $\frac{1}{1+x^2}\mathrm{d}x = \mathrm{d}(\arctan x)$；

(7) $\frac{1}{\sqrt{1-x^2}}\mathrm{d}x = \mathrm{d}(\arcsin x)$；

(8)$\mathrm{e}^x\mathrm{d}x = \mathrm{d}(\mathrm{e}^x)$；

(9)$\sin x\mathrm{d}x = -\mathrm{d}(\cos x)$；

(10)$\cos x\mathrm{d}x = \mathrm{d}(\sin x)$；

(11)$\sec^2 x\mathrm{d}x = \mathrm{d}(\tan x)$；

(12)$\csc^2 x\mathrm{d}x = -\mathrm{d}(\cot x)$；

(13)$\sec x\tan x\mathrm{d}x = \mathrm{d}(\sec x)$；

(14)$\csc x\cot x\mathrm{d}x = -\mathrm{d}(\csc x)$。

基本能力训练

一、选择题

1. $\int \mathrm{e}^{-2x}\mathrm{d}x =$ (　　)

A. $\mathrm{e}^{-2x}+C$

B. $-\frac{1}{2}\mathrm{e}^{-2x}+C$

4.6

C. $\frac{1}{2}e^{-2x}+C$ D. $2e^{-2x}+C$

2. $\int \frac{1}{1+x^2}dx^2=$ ( )

A. $\arctan x+C$ B. $\ln(1+x^2)+C$

C. $\arctan 2x+C$ D. $\ln x^2+C$

3. 已知$\int f(x)dx=F(x)+C$,则$\int f(2x)dx=$ ( )

A. $2F(x)+C$ B. $F(2x)+C$

C. $\frac{1}{2}F(2x)+C$ D. $2F(2x)+C$

4. $\int \frac{1}{\sqrt{1+x^2}}dx^2=$ ( )

A. $2\sqrt{1+x^2}+C$ B. $\arctan x+C$

C. $-\frac{1}{2}\sqrt{1+x^2}+C$ D. $4\sqrt{1+x^2}+C$

5. $\int \cos x d\cos x=$ ( )

A. $\sin x+C$ B. $-\sin x+C$

C. $\frac{1}{2}\cos^2 x+C$ D. $2\cos^2 x+C$

二、填空题

1. $x^2dx=$ ________。 **2.** $\frac{1}{\sqrt{x}}dx=$ ________。

4.7

3. $\frac{1}{x}dx=$ ________ $d(2\ln|x|+C)$。 **4.** $e^x dx=$ ________ $d(3e^x+2)$。

5. $\frac{1}{x^2}dx=$ ________ $d\left(\frac{1}{2x}+1\right)$。 **6.** $\sin x dx=$ ________ $d(2\cos x+4)$。

7. 已知 $F'(x)=f(x)$,则$\int f\left(2x+\frac{1}{2}\right)dx=$ ________。

8. 设 $f(x)$ 的一个原函数是 x^3-x,则$\int f(2x)dx=$ ________。

三、计算题

1. $\int (2x+3)^4 dx$ **2.** $\int \frac{2}{x\ln x}dx$

4.8

3. $\int \frac{1}{(2x-3)^2}\mathrm{d}x$

4. $\int \sin(3x+2)\mathrm{d}x$

5. $\int \mathrm{e}^{-3x+5}\mathrm{d}x$

6. $\int \sec^2 4x\mathrm{d}x$

7. $\int \tan^2 3x\mathrm{d}x$

8. $\int \frac{1}{x^2}\cos\frac{1}{x}\mathrm{d}x$

9. $\int \frac{1}{\sqrt{16-x^2}}\mathrm{d}x$

10. $\int \frac{1}{81+x^2}\mathrm{d}x$

拓展能力训练

4.9

一、计算题

1. $\int x\sqrt{1-x^2}\,\mathrm{d}x$

2. $\int \frac{x}{(1+x^2)^2}\mathrm{d}x$

3. $\int \frac{2\ln x+3}{x}\mathrm{d}x$

4. $\int \frac{x}{1-x^2}\mathrm{d}x$

5. $\int \frac{\mathrm{e}^x}{\sqrt{1-\mathrm{e}^{2x}}}\mathrm{d}x$

6. $\int \frac{1}{\mathrm{e}^x+\mathrm{e}^{-x}}\mathrm{d}x$

7. $\int \frac{x-1}{x^2+1}\mathrm{d}x$

8. $\int \frac{\sin(\sqrt{x}+1)}{2\sqrt{x}}\mathrm{d}x$

9. $\int \sin^2 x\cos x\,\mathrm{d}x$

10. $\int \cos^2 x\sin^3 x\,\mathrm{d}x$

11. $\int \sin^2 x \mathrm{d}x$

12. $\int \sec^4 x \mathrm{d}x$

13. $\int \dfrac{\sin x \cos x}{\sqrt{1-\sin^4 x}} \mathrm{d}x$

14. $\int \dfrac{f'(\ln x)}{x} \mathrm{d}x$[其中 $f(x) = \mathrm{e}^{-x}$]

15. $\int \dfrac{1}{1-x^2} \mathrm{d}x$

二、应用题

若小河结冰的速度为 $y' = \dfrac{1}{3+2x}$，其中 y(单位:cm) 是自结冰起到时刻 x(单位:h) 冰的厚度，求结冰厚度 y 关于时间 x 的函数。

4.10

当关于直线和曲线的数学可以说已经山穷水尽的时候，一条新的几乎无穷无尽的道路，由那种把曲线视为直线(微分三角形) 并把直线视为曲线(曲率无穷小的一次曲线) 的数学开拓了出来。

——恩格斯

4.2.2 第二类换元积分法的应用

内容概要

1. 令 $x=\psi(t)$，把 t 作为新的积分变量，一般有下列计算程序：

$$\int f(x)\mathrm{d}x \xlongequal{令\, x=\psi(t)} \int f(\psi(t))\psi'(t)\mathrm{d}t = F(t)+C \xlongequal{回代\, t=\psi^{-1}(x)} F(\psi^{-1}(x))+C,$$

其中 $t=\psi^{-1}(x)$ 是 $x=\psi(t)$ 的反函数，这种求不定积分的方法称为第二类换元法。

第一类换元法和第二类换元法的不同之处是新变量所处的位置不同。

2. 使用第二类换元法的关键是选择适当的函数 $x=\psi(t)$，通常有以下几种换元方法。

(1) 根幂代换：当被积函数中含有 $\sqrt[n]{ax+b}$ 时，可令 $\sqrt[n]{ax+b}=t$。

(2) 三角变换：

① 当被积函数含有 $\sqrt{a^2-x^2}$ 时，令 $x=a\sin t$；

② 当被积函数含有 $\sqrt{x^2+a^2}$ 时，令 $x=a\tan t$；

③ 当被积函数含有 $\sqrt{x^2-a^2}$ 时，令 $x=a\sec t$。

基本能力训练

计算题

4.11

1. $\int \frac{1}{x+\sqrt{x}}\mathrm{d}x$

2. $\int \frac{x}{\sqrt{2x+3}}\mathrm{d}x$

3. $\int \frac{\mathrm{d}x}{1+\sqrt{x+1}}$

4. $\int x\sqrt{3x-1}\,\mathrm{d}x$

5. $\int \frac{\sqrt{x}}{1+\sqrt{x}}\mathrm{d}x$

6. $\int \sqrt{9-x^2}\,\mathrm{d}x$

拓展能力训练

计算题

4.12

1. $\int \frac{\mathrm{d}x}{1+\sqrt[3]{2x+1}}$

2. $\int \frac{1}{\sqrt{x}(1+\sqrt[3]{x})}\mathrm{d}x$

3. $\int \frac{\mathrm{d}x}{\sqrt{1+\mathrm{e}^x}}$

4. $\int \sqrt{9-4x^2}\,\mathrm{d}x$

5. $\int \frac{1}{\sqrt{4+x^2}}\mathrm{d}x$

> 数学中的转折点是笛卡儿的变数。有了变数，运动进入了数学；有了变数，辩证法进入了数学；有了变数，微分和积分也就立刻成为必要的了。
>
> ——恩格斯

4.3 分部积分法

内容概要

1. 分部积分公式

设函数 $u=u(x)$，$v=v(x)$ 具有连续导数，则 $\int u\mathrm{d}v=uv-\int v\mathrm{d}u$。

2. u，$\mathrm{d}v$ 的选择规律

(1) 形如 $\int x^n e^{ax}\mathrm{d}x$，$\int x^n\sin ax\mathrm{d}x$，$\int x^n\cos ax\mathrm{d}x$ 等，可设 $u=x^n$；

(2) 形如 $\int x^n\ln x\mathrm{d}x$，$\int x^n\arcsin x\mathrm{d}x$，$\int x^n\arctan x\mathrm{d}x$ 等，可设 $u=\ln x$，$u=\arcsin x$，$u=\arctan x$；

(3) 形如 $\int e^{ax}\sin bx\mathrm{d}x$，$\int e^{ax}\cos bx\mathrm{d}x$ 等，可设 $u=e^{ax}$，也可设 $u=\sin bx$，$u=\cos bx$。

基本能力训练

一、选择题

4.13

1. 设函数 $f(x)$ 是一个对数函数，则 $\int f(x)\mathrm{d}x=$（　　）

A. $xf(x)-\int x\mathrm{d}f(x)$　　B. $f(x)-\int x\mathrm{d}f(x)$

C. $xf(x)-\int f'(x)\mathrm{d}x$　　D. $xf(x)+\int x\mathrm{d}f(x)$

2. 设函数 $f(x)$ 具有连续导数，则 $\int[xf'(x)+f(x)]\mathrm{d}x=$（　　）

A. $xf(x)+C$　　B. $xf(x)$

C. $x+f'(x)+C$　　D. $x+f(x)+C$

3. 设函数 $f(x)$ 的一个原函数为 e^{2x}，则 $\int xf'(x)\mathrm{d}x=$（　　）

A. $\frac{1}{2}e^{2x}+C$　　B. $2xe^{2x}+C$

C. $\frac{1}{2}xe^{2x}-e^{2x}+C$　　D. $2xe^{2x}-e^{2x}+C$

4. 用分部积分法，$\int 2x\sin 2x\mathrm{d}x=$（　　）

A. $\int\sin 2x\mathrm{d}x^2$　　B. $\int x\mathrm{d}\cos 2x$　　C. $\int 2\sin 2x\mathrm{d}x^2$　　D. $-\int x\mathrm{d}\cos 2x$

5. 以下求不定积分，必须用到分部积分法的是(　　)

A. $\int x\cos(x^2+1)\mathrm{d}x$　　B. $\int \sqrt{1-x^2}\,\mathrm{d}x$

C. $\int \frac{\ln x}{x}\mathrm{d}x$　　D. $\int x\cos 2x\mathrm{d}x$

二、填空题

4.14

1. $\int \ln x\mathrm{d}x=$ ______________。

2. $\int \arcsin x\mathrm{d}x=$ ______________。

3. 在 $\int x^2 e^{2x}\mathrm{d}x$ 中，选 $u=$ ______________。

4. 在 $\int x\arctan x\mathrm{d}x$ 中，选 $u=$ ______________。

三、计算题

4.15

1. $\int x e^{-x}\mathrm{d}x$

2. $\int x\sin 3x\mathrm{d}x$

3. $\int x\cos 3x\mathrm{d}x$

4. $\int x^4\ln x\mathrm{d}x$

5. $\int (x+1)\ln x\mathrm{d}x$

6. $\int \arctan x\mathrm{d}x$

拓展能力训练

一、计算题

1. $\int x^2 e^{2x} dx$

2. $\int e^x \cos 2x dx$

4.16

3. $\int e^{2x} \sin x dx$

二、简答题

已知 $f(x)$ 的一个原函数是$\frac{\sin x}{x}$，求$\int x f'(x) dx$。

4.17

三位名人坐火车访问云南，一位是数学家，一位是物理学家，一位是作家。作家看到窗外田野上有一只黑羊，感叹道："想不到云南的羊都是黑的！"物理学家说："不对，云南至少有一只羊是黑的。"数学家举头看看窗外，说："云南至少有一块地上有一只羊，至少半边是黑的。"

4.4　有理函数的积分

内容概要

1. 定义

形如$\dfrac{P(x)}{Q(x)}=\dfrac{a_0x^n+a_1x^{n-1}+\cdots+a_{n-1}x+a_n}{b_0x^m+b_1x^{m-1}+\cdots+b_{m-1}x+b_m}$，其中 m,n 都是非负整数，$a_0,a_1,\cdots,a_n$ 及 $b_0,b_1,\cdots,b_m$ 都是实数，并且 $a_0\neq 0,b_0\neq 0$ 的分式函数叫作有理函数。

2. 化有理真分式为部分分式

（1）若 $Q(x)$ 有 k 重实根 a，则分解时必含有以下的分式：

$$\frac{A_1}{x-a}+\frac{A_2}{(x-a)^2}+\cdots+\frac{A_k}{(x-a)^k},$$

其中 $A_1,A_2,\cdots,A_k$ 都是待定系数。特别地：当 $k=1$ 时，分解后为$\dfrac{A_1}{x-a}$。

（2）若 $Q(x)$ 有一对 k 重共轭复根 α 和 β，其中 $(x-\alpha)(x-\beta)=x^2+px+q$，则分解时必含有以下的分式：

$$\frac{B_1x+C_1}{x^2+px+q}+\frac{B_2x+C_2}{(x^2+px+q)^2}+\cdots+\frac{B_kx+C_k}{(x^2+px+q)^k},$$

其中 $B_1,B_2,\cdots,B_k$ 和 $C_1,C_2,\cdots,C_k$ 都是待定系数。

3. 四种有理真分式的积分

（1）$\displaystyle\int\frac{A}{x-a}dx$；（2）$\displaystyle\int\frac{A}{(x-a)^m}dx$；（3）$\displaystyle\int\frac{Mx+N}{x^2+px+q}dx$；（4）$\displaystyle\int\frac{Mx+N}{(x^2+px+q)^n}dx$，

其中 A,M,N,a,p,q 都是常数，且 $p^2-4q<0$，m,n 为大于 1 的整数。

基本能力训练

计算下列有理函数的积分

1. $\displaystyle\int\frac{x^3}{x+3}dx$

2. $\displaystyle\int\frac{2x+3}{x^2+3x-10}dx$

4.18

3. $\int \frac{x+1}{x^2-2x+5}dx$

4. $\int \frac{dx}{x(x^2+1)}$

5. $\int \frac{3}{x^3+1}dx$

6. $\int \frac{xdx}{(x+1)(x+2)(x+3)}$

拓展能力训练

计算下列有理函数的积分

1. $\int \frac{x^2+1}{(x+1)^2(x-1)}dx$

2. $\int \frac{(x+1)^2}{(x^2+1)^2}dx$

4.19

3. $\int \frac{x^2}{(x+2)(x^2+2x+2)}dx$

4. $\int \frac{x^2+3x+2}{x^3+2x^2+2x}dx$

给我最大快乐的，不是已懂的知识，而是不断地学习；不是已有的东西，而是不断地获取；不是已达到的高度，而是继续不断地攀登。 —— 高斯

第 4 章自测题

一、选择题

4.20

1. 设 $f(x)$ 是连续函数，且 $\int f(x)\mathrm{d}x = F(x)+C$（$C$ 为任意常数），则下列等式不成立的是（　　）

A. $\int f(ax+b)\mathrm{d}x = \frac{1}{a}F(ax+b)+C(a\neq 0)$

B. $\int f(x^n)x^{n-1}\mathrm{d}x = F(x^n)+C(n\neq 0)$

C. $\int f(\ln ax)\frac{1}{x}\mathrm{d}x = F(\ln ax)+C$

D. $\int f(\mathrm{e}^x)\mathrm{e}^x\mathrm{d}x = F(\mathrm{e}^x)+C$

2. 若 $\frac{\ln x}{x}$ 为 $f(x)$ 的一个原函数，则 $\int xf'(x)\mathrm{d}x=$（　　）

A. $\frac{\ln x}{x}+C$　　B. $\frac{1+\ln x}{x^2}+C$　　C. $\frac{1}{x}+C$　　D. $\frac{1}{x}-\frac{2\ln x}{x}+C$

3. 设 $f(x)$ 为可导函数，则（　　）

A. $\int f(x)\mathrm{d}x = f(x)$　　B. $\int f'(x)\mathrm{d}x = f(x)$

C. $\left(\int f(x)\mathrm{d}x\right)' = f(x)$　　D. $\left(\int f(x)\mathrm{d}x\right)' = f(x)+C$

4. 在切线斜率为 $2x$ 的积分曲线族中，通过点 $(4,1)$ 的曲线方程是（　　）

A. $y=x^2+1$　　B. $y=x^2-15$　　C. $y=x^2+4$　　D. $y=x^2+15$

5. 已知 $\int xf(x)\mathrm{d}x = \sin x + C$，则 $f(x)=$（　　）

A. $\frac{\sin x}{x}$　　B. $x\sin x$　　C. $\frac{\cos x}{x}$　　D. $x\cos x$

二、填空题

4.21

1. 若 $\int f(x)\mathrm{d}x = \frac{x+1}{x-1}+C$，则 $f(x)=$ ________。

2. 若 $f(x)=x+\sqrt{x}(x>0)$，则 $\int f'(x^2)\mathrm{d}x=$ ________。

3. $\int \mathrm{d}f(x)=$ ________。

4. $\int \frac{1}{\sqrt{x}(1+x)}\mathrm{d}x=$ ________。

5. 已知不定积分 $\int f(x)\mathrm{d}x = F(x)+C$，其中原函数 $F(x)>0$，则不定积分 $\int \frac{f(x)}{F(x)}\mathrm{d}x=$ ________。

三、求下列不定积分

4.22

1. $\int \frac{(t+1)^2}{t^2}\mathrm{d}t$

2. $\int \frac{\cos 2x}{(\sin x+\cos x)^3}\mathrm{d}x$

3. $\int \frac{\sqrt{\arcsin x}}{\sqrt{1-x^2}}\mathrm{d}x$

4. $\int \frac{2^{\frac{1}{x}}}{x^2}\mathrm{d}x$

5. $\int \frac{1}{x^2-x-6}\mathrm{d}x$

6. $\int \frac{\mathrm{d}x}{x+\sqrt[3]{x}}$

7. $\int \arctan\frac{1}{x}\mathrm{d}x$

8. $\int (x-1)\sin 2x\mathrm{d}x$

9. $\int x f''(x)\mathrm{d}x$

宇宙之大，粒子之微，火箭之速，化工之巧，地球之变，生物之迷，日用之繁，无处不用数学。

——华罗庚

第5章

定积分及应用

5.1 定积分的概念和性质

内容概要

1. 定积分的定义

设函数 $f(x)$ 在区间$[a,b]$上有定义，任取分点 $a = x_0 < x_1 < \cdots < x_{i-1} < x_i < \cdots < x_n = b$，将区间$[a,b]$分成 n 个子区间$[x_{i-1},x_i](i=1,2,\cdots,n)$，记 $\Delta x_i = x_i - x_{i-1}$ 为第 i 个子区间长度，在每个子区间上任取一点 $\xi_i(x_{i-1}\leqslant \xi_i \leqslant x_i)$，作乘积 $f(\xi_i)\Delta x_i(i=1,2,\cdots,n)$，作和式 $\sum\limits_{i=1}^{n} f(\xi_i)\Delta x_i$，记 $\lambda = \max\{\Delta x_i\}(i=1,2,\cdots,n)$，如果无论对$[a,b]$怎样分法，也无论在子区间$[x_{i-1},x_i]$上如何选取点 ξ_i，极限 $\lim\limits_{\lambda\to 0}\sum\limits_{i=1}^{n} f(\xi_i)\Delta x_i$ 都存在，则称函数 $f(x)$ 在$[a,b]$上可积，且称这个极限是 $f(x)$ 在区间$[a,b]$上的定积分(简称“积分”)，记作 $\int_a^b f(x)\mathrm{d}x$，即

$$\int_a^b f(x)\mathrm{d}x = \lim_{\lambda\to 0}\sum_{i=1}^{n} f(\xi_i)\Delta x_i。$$

说明：(1) $f(x)$ 称为被积函数，$f(x)\mathrm{d}x$ 称为被积表达式，x 称为积分变量，$[a,b]$称为积分区间，a 称为积分下限，b 称为积分上限。

(2) 定积分是一个确定的数，它只取决于积分区间和被积函数。

(3) $\int_a^b f(x)\mathrm{d}x = -\int_b^a f(x)\mathrm{d}x$，$\int_a^a f(x)\mathrm{d}x = 0$。

2. 定积分的几何意义

$\int_a^b f(x)\mathrm{d}x$ 在几何上表示由曲线 $y=f(x)$，直线 $x=a$，直线 $x=b$ 及 x 轴所围成的各个

曲边梯形面积的代数和。

3. 定积分的性质

性质 1 $\int_a^b kf(x)\mathrm{d}x = k\int_a^b f(x)\mathrm{d}x$。

性质 2 $\int_a^b [f(x) \pm g(x)]\mathrm{d}x = \int_a^b f(x)\mathrm{d}x \pm \int_a^b g(x)\mathrm{d}x$。

性质 3 $\int_a^b f(x)\mathrm{d}x = \int_a^c f(x)\mathrm{d}x + \int_c^b f(x)\mathrm{d}x$(定积分关于积分区间具有可加性)。

其他性质此处略。

基本能力训练

一、选择题

5.1

1. 积分区间相同、被积表达式也相同的两个定积分的值一定(　　)

A. 相等　　B. 不相等

C. 相差一个无穷小量　　D. 相差一个任意常数

2. 当积分区间与被积表达式确定以后,定积分的值一定是(　　)

A. 唯一　　B. 不唯一　　C. 有限个　　D. 无穷多个

3. 设 $f(x) = \begin{cases} x^2, x \geqslant 0 \\ 2^x, x < 0 \end{cases}$,则 $\int_{-1}^{1} f(x)\mathrm{d}x = $(　　)

A. $\int_{-1}^{1} x^2\mathrm{d}x$　　B. $\int_{-1}^{1} 2^x\mathrm{d}x$

C. $\int_{-1}^{0} x^2\mathrm{d}x + \int_{0}^{1} 2^x\mathrm{d}x$　　D. $\int_{-1}^{0} 2^x\mathrm{d}x + \int_{0}^{1} x^2\mathrm{d}x$

4. $\frac{\mathrm{d}}{\mathrm{d}x}\int_a^b \sin x^2\mathrm{d}x = $(　　)

A. 0　　B. $\sin x^2$

C. $-2x\cos x^2$　　D. $\sin b^2 - \sin a^2$

5. 由区间$[a,b]$上的两条光滑曲线 $y = f(x)$ 和 $y = g(x)$ 以及两条直线 $x = a$ 和 $x = b$ 所围成的平面区域的面积是(　　)

A. $\int_a^b [f(x) - g(x)]\mathrm{d}x$　　B. $\int_a^b [g(x) - f(x)]\mathrm{d}x$

C. $\int_a^b |f(x) - g(x)|\mathrm{d}x$　　D. $\left|\int_a^b [f(x) - g(x)]\mathrm{d}x\right|$

二、填空题

5.2

1. 由曲线 $y = 2x^2 + 1$ 与直线 $x = 0$,直线 $x = 3$ 及 x 轴所围成的曲边梯形的面积用定积分可表示为________________。

2. 设一物体以速度 $v = 2t + 1$(单位:m/s) 做直线运动,则时间 t 从 0 到 5s 该物体所移动的路程 s 的表达式为________________。

拓展能力训练

一、利用定积分的几何意义求下列定积分

5.3

1. $\int_{1}^{3}(1+x)\mathrm{d}x$　　　　**2.** $\int_{-1}^{2}|2x|\mathrm{d}x$

3. $\int_{-\pi}^{\pi}\sin x\mathrm{d}x$　　　　**4.** $\int_{0}^{2}\sqrt{4-x^{2}}\mathrm{d}x$

二、计算题

5.4

利用定积分的性质估计$\int_{-2}^{1}\mathrm{e}^{-x^{2}}\mathrm{d}x$ 的值。

三、简答题

5.5

根据定积分的性质比较$\int_{1}^{2}\ln x\mathrm{d}x$ 与$\int_{1}^{2}(\ln x)^{2}\mathrm{d}x$ 的大小。

数学是人类思考中最高的成就。——米斯拉

5.2 定积分的计算

5.2.1 牛顿-莱布尼兹公式的应用

内容概要

1. 积分上限函数的性质

如果函数 $f(x)$ 在区间$[a,b]$上连续，则积分上限函数 $\Phi(x)=\int_a^x f(t)\mathrm{d}t$ 在$[a,b]$上具有导数，并且它的导数为 $\Phi'(x)=\frac{\mathrm{d}}{\mathrm{d}x}\int_a^x f(t)\mathrm{d}t=f(x)(a\leqslant x\leqslant b)$。

2. 牛顿-莱布尼兹公式

若 $F(x)$ 是连续函数 $f(x)$ 在区间$[a,b]$上的一个原函数，则

$$\int_a^b f(x)\mathrm{d}x=F(b)-F(a)\xlongequal{\text{记作}}F(x)\Big|_a^b \text{ 或 } [F(x)]_a^b。$$

基本能力训练

一、选择题

5.6

1. 已知 $\int_0^1 \mathrm{e}^{-ax}\mathrm{d}x=\frac{1}{2a}(a\neq 0)$，则 $a=$（　　）

A. $\frac{1}{2}$　　B. $-\frac{1}{2}$

C. $\ln 2$　　D. $-\ln 2$

2. 设 $f(x)=\begin{cases}x, & x\leqslant 1\\ 1, & x>1\end{cases}$，则 $\int_0^2 f(x)\mathrm{d}x=$（　　）

A. 3　　B. 2　　C. $\frac{2}{3}$　　D. $\frac{3}{2}$

3. 定积分 $\int_0^{\frac{\pi}{2}}(a\sin x+b\cos x)\mathrm{d}x$ 的值是（　　）

A. $a+b$　　B. $a-b$　　C. $b-a$　　D. 0

二、填空题

5.7

1. 若 $\varphi(x)=\int_0^x \tan^2 t\mathrm{d}t$，则 $\varphi'(x)=$ ________。

2. 如果 $\int_0^b (3x^2-1)\mathrm{d}x=0$，则 $b=$ ________。

3. $\int_1^e \left(\frac{\ln x}{x}\right)'\mathrm{d}x=$ ________。

三、计算题

5.8

1. $\int_1^2 \left(x+\frac{1}{x}\right)^2\mathrm{d}x$

2. $\int_{-1}^2 |2x|\mathrm{d}x$

3. $\int_0^{\frac{\pi}{2}} \sin^2 x\mathrm{d}x$

4. $\int_0^{2\pi} |\sin x|\mathrm{d}x$

5. $\int_0^{\frac{\pi}{4}} \tan^2\theta\mathrm{d}\theta$

6. $\int_{-1}^0 \frac{3x^4+3x^2+1}{x^2+1}\mathrm{d}x$

7. 设 $f(x)=\begin{cases}\frac{x}{2}+1, & 0\leqslant x\leqslant 2\\ x, & 2<x\leqslant 3\end{cases}$，求 $\int_0^3 f(x)\mathrm{d}x$。

拓展能力训练

一、填空题

若$\int_a^b \frac{f(x)}{f(x)+g(x)}\mathrm{d}x = 1$，则$\int_a^b \frac{g(x)}{f(x)+g(x)}\mathrm{d}x =$ ________。

5.9

二、简答题

5.10

1. 求$\lim\limits_{x\to 0}\frac{\int_0^x t\tan t\mathrm{d}t}{x^3}$。

2. 求函数 $f(x) = \int_0^x t\mathrm{e}^{-t^2}\mathrm{d}t$ 的极值。

数学的幽默 —— 最大面积

一位农夫请来一位工程师、一位物理学家和一位数学家，想用最少的篱笆围出最大的面积。

工程师用篱笆围出一个圆，宣称这是最优设计。

物理学家将篱笆拉开成一条长长的直线，假想直线无限长，认为围起半个地球总够大了。

数学家好好嘲笑了他们一番。他用很少的篱笆把自己围起来，然后说：“我现在是在外面。”

5.2.2 定积分换元积分法的应用

内容概要

1. 定积分的换元积分法

若函数 $f(x)$ 在 $[a,b]$ 上连续，函数 $x=\varphi(t)$ 在 $[\alpha,\beta]$ 上单调且有连续而不为零的导函数 $\varphi'(t)$，又 $\varphi(\alpha)=a$，$\varphi(\beta)=b$，则

$$\int_a^b f(x)\mathrm{d}x=\int_\alpha^\beta f(\varphi(t))\varphi'(t)\mathrm{d}t。$$

注意：(1) 定积分的换元法在换元后，积分的上下限也要作相应的变换，即"换元必换限"。

(2) 定积分在换元后，按新的积分变量进行定积分计算，不必像不定积分那样再还原为原积分变量。

2. 函数的奇偶性在定积分中的应用

(1) 若 $f(x)$ 在 $[-a,a]$ 上连续且为偶函数，则 $\int_{-a}^a f(x)\mathrm{d}x=2\int_0^a f(x)\mathrm{d}x$；

(2) 若 $f(x)$ 在 $[-a,a]$ 上连续且为奇函数，则 $\int_{-a}^a f(x)\mathrm{d}x=0$。

基本能力训练

一、选择题

5.11

1. 已知 $F'(x)=f(x)$，则 $\int_1^2 f(2x)\mathrm{d}x=$ (　　)

A. $2F(4)-2F(2)$　　B. $\frac{1}{2}F(4)-\frac{1}{2}F(2)$

C. $2F(2)-2F(1)$　　D. $F(2)-F(1)$

2. 令 $t=\sqrt{x}$，则 $\int_1^4 f(\sqrt{x})\mathrm{d}x=$ (　　)

A. $\int_1^2 f(t)\mathrm{d}t$　　B. $\int_1^2 2tf(t)\mathrm{d}t$

C. $\int_1^4 tf(t)\mathrm{d}t$　　D. $\int_1^4 f(t)\mathrm{d}t$

3. 若 $F'(x)=f(x)$，则 $\int_a^x f(t+a)\mathrm{d}t=$ (　　)

A. $F(x)-F(a)$　　B. $F(t)-F(a)$

C. $F(x+a)-F(2a)$　　D. $F(t+a)-F(2a)$

二、计算题

5.12

1. $\int_0^{\frac{\pi}{2}} \sin\varphi\cos^2\varphi \mathrm{d}\varphi$

2. $\int_0^1 \frac{x}{x^2+1}\mathrm{d}x$

3. $\int_1^{\mathrm{e}} \frac{\ln x}{x}\mathrm{d}x$

4. $\int_2^{2\sqrt{3}} \frac{1}{4+x^2}\mathrm{d}x$

5. $\int_0^2 \mathrm{e}^{|x-1|}\mathrm{d}x$

6. $\int_0^8 \frac{x}{1+\sqrt{1+x}}\mathrm{d}x$

7. $\int_4^9 \frac{1}{1+\sqrt{x}}\mathrm{d}x$

8. $\int_{-\sqrt{3}}^{\sqrt{3}} \frac{x^2\sin x}{1+2x^2+x^4}\mathrm{d}x$

拓展能力训练

一、填空题

5.13

1. $\int_{-2}^{2} \frac{x^4[f(x)-f(-x)]}{1+\cos x} dx =$ ________。

2. 若 $\int_{1}^{2} \frac{f(\ln x)}{x} dx = \int_{a}^{b} f(t) dt$，则 $a =$ ________，$b =$ ________。

3. 设 $\int_{0}^{x} t f(t) dt = e^{x}$，则 $\int_{0}^{\sqrt{\ln 2}} x^3 f(x^2) dx =$ ________。

二、计算题

5.14

1. $\int_{0}^{\sqrt{3}a} \frac{x}{\sqrt{3a^2 - x^2}} dx$，其中 $a > 0$。

2. $\int_{-1}^{1} (x + \sqrt{1 - x^2})^2 dx$

3. 设 $f(x) = \begin{cases} 1 + x^2, & x \leqslant 0 \\ e^{x}, & x > 0 \end{cases}$，求 $\int_{1}^{3} f(x-2) dx$。

三、证明题

5.15

1. 设 $f(x)$ 为连续函数，求证：$\int_1^2 f(3-x)\mathrm{d}x=\int_1^2 f(x)\mathrm{d}x$。

2. 设函数 $f(x)$ 在 $[0,2a]$ 上连续，求证：$\int_0^{2a} f(x)\mathrm{d}x=\int_0^{a}[f(x)+f(2a-x)]\mathrm{d}x$，并由此计算 $\int_0^{\pi}\frac{x\sin x}{1+\cos^2 x}\mathrm{d}x$。

数学的幽默——对面房子里的人数

一位数学家、一位生物学家和一位物理学家坐在街头咖啡屋里，看着人们从对面的一幢房子里走进走出。他们先看到两个人进去。时光流逝，他们又看到三个人出来。

物理学家说："测量不够准确。"

生物学家说："他们进行了繁殖。"

数学家说："如果现在再进去一个人，那房子就空了。"

5.2.3　定积分分部积分法的应用

内容概要

定积分的分部积分法

若函数 $u=u(x)$，$v=v(x)$ 在区间 $[a,b]$ 上具有连续导数 $u'(x)$ 和 $v'(x)$，则

$$\int_a^b u\mathrm{d}v=[uv]_a^b-\int_a^b v\mathrm{d}u,$$

其中 u，$\mathrm{d}v$ 的选择规律与不定积分相同。

基本能力训练

计算题

5.16

1. $\int_0^1 x\mathrm{e}^{-2x}\mathrm{d}x$

2. $\int_0^{2\pi} x\sin x\mathrm{d}x$

3. $\int_{\frac{1}{\mathrm{e}}}^{\mathrm{e}} |\ln x|\mathrm{d}x$

4. $\int_0^1 x\arctan x\mathrm{d}x$

5. $\int_0^{\frac{\pi}{2}} e^x \sin x \, dx$

拓展能力训练

计算题

1. $\int_0^4 e^{\sqrt{x}} \, dx$

2. $\int_0^{\pi^2} \sin\sqrt{x} \, dx$

5.17

3. 已知 $f(0)=1, f(2)=3, f'(2)=5$，求$\int_0^1 x f''(2x) \, dx$。

在未来的十年中，领导世界的国家将是在科学的知识、解释和运用方面起领导作用的国家。整个科学的基础又是一个不断增长的数学知识总体。我们越来越多地用数学模型指导我们探索未知的世界。

——费尔

5.3　广义积分的计算

内容概要

无穷区间上的广义积分

定义 1　设 $f(x)$ 在 $[a,+\infty)$ 上连续，任取 $b>a$。如果极限 $\lim\limits_{b\to+\infty}\int_a^b f(x)\mathrm{d}x$ 存在，则称此极限为函数 $f(x)$ 无穷区间 $[a,+\infty)$ 上的广义积分，记作 $\int_a^{+\infty} f(x)\mathrm{d}x$，即

$$\int_a^{+\infty} f(x)\mathrm{d}x=\lim_{b\to+\infty}\int_a^b f(x)\mathrm{d}x,$$

这时也称广义积分 $\int_a^{+\infty} f(x)\mathrm{d}x$ 收敛；如果上述极限不存在，则称广义积分 $\int_a^{+\infty} f(x)\mathrm{d}x$ 发散。这时 $\int_a^{+\infty} f(x)\mathrm{d}x$ 不再表示数值了。

类似地，设函数 $f(x)$ 在区间 $(-\infty,b]$ 上连续，任取 $a<b$。如果极限 $\lim\limits_{a\to-\infty}\int_a^b f(x)\mathrm{d}x$ 存在，则称此极限为函数 $f(x)$ 在无穷区间 $(-\infty,b]$ 上的广义积分，记作 $\int_{-\infty}^b f(x)\mathrm{d}x$，即

$$\int_{-\infty}^b f(x)\mathrm{d}x=\lim_{a\to-\infty}\int_a^b f(x)\mathrm{d}x,$$

这时也称广义积分 $\int_{-\infty}^b f(x)\mathrm{d}x$ 收敛；如果上述极限不存在，就称广义积分 $\int_{-\infty}^b f(x)\mathrm{d}x$ 发散。

定义 2　设函数 $f(x)$ 在区间 $(-\infty,+\infty)$ 上连续，如果广义积分 $\int_{-\infty}^c f(x)\mathrm{d}x$ 和 $\int_c^{+\infty} f(x)\mathrm{d}x$ 都收敛，则称上述两个广义积分之和为函数 $f(x)$ 在无穷区间 $(-\infty,+\infty)$ 上的广义积分，记作 $\int_{-\infty}^{+\infty} f(x)\mathrm{d}x$，即

$$\int_{-\infty}^{+\infty} f(x)\mathrm{d}x=\int_{-\infty}^c f(x)\mathrm{d}x+\int_c^{+\infty} f(x)\mathrm{d}x=\lim_{a\to-\infty}\int_a^c f(x)\mathrm{d}x+\lim_{b\to+\infty}\int_c^b f(x)\mathrm{d}x,$$

其中 c 为任意常数，这时也称广义积分 $\int_{-\infty}^{+\infty} f(x)\mathrm{d}x$ 收敛；否则就称广义积分 $\int_{-\infty}^{+\infty} f(x)\mathrm{d}x$ 发散。

为书写简便，若 $F'(x)=f(x)$，则可记

$$\int_a^{+\infty} f(x)\mathrm{d}x=[F(x)]\Big|_a^{+\infty}=F(+\infty)-F(a),$$

其中，$F(+\infty)$ 应理解为 $\lim\limits_{x\to+\infty}F(x)$，而 $\int_{-\infty}^b f(x)\mathrm{d}x$ 和 $\int_{-\infty}^{+\infty} f(x)\mathrm{d}x$ 也有类似的简写法。

基本能力训练

一、选择题

5.18

1. 广义积分$\int_a^{+\infty} e^{-x^2} dx$ 的定义是(　　)

A. $\lim\limits_{x\to\infty}\int_a^x e^{-t^2} dt$　　B. $\lim\limits_{t\to\infty}\int_a^x e^{-t^2} dt$

C. $\lim\limits_{x\to+\infty}\int_a^x e^{-t^2} dt$　　D. $\lim\limits_{x\to-\infty}\int_a^x e^{-t^2} dt$

2. $\int_{-\infty}^{+\infty} f(x)dx$ 收敛是$\int_0^{+\infty} f(x)dx$ 与$\int_{-\infty}^0 f(x)dx$ 都收敛的(　　)

A. 充分条件　　B. 必要条件

C. 充要条件　　D. 无关条件

3. 下列广义积分收敛的是(　　)

A. $\int_1^{+\infty} \ln x dx$　　B. $\int_1^{+\infty} \frac{dx}{x}$　　C. $\int_1^{+\infty} \frac{dx}{x^2}$　　D. $\int_1^{+\infty} e^x dx$

4. $\int_1^{+\infty} xe^{-x^2} dx =$ (　　)

A. $\frac{1}{2e}$　　B. $-\frac{1}{2e}$　　C. e　　D. $+\infty$

二、填空题

5.19

讨论广义积分$\int_1^{+\infty} \frac{dx}{x^p}$ 的敛散性，当 p __________时收敛，且收敛值是__________；当 p __________时发散。

三、计算题

5.20

1. $\int_2^{+\infty} \frac{dx}{x^4}$

2. $\int_{-1}^{+\infty} e^{-5x} dx$

3. $\int_{1}^{+\infty} x\mathrm{e}^{-x}\mathrm{d}x$

4. $\int_{-\infty}^{+\infty} \frac{\mathrm{d}x}{9+3x^2}$

拓展能力训练

一、计算题

设 $\lim\limits_{x\to+\infty}\left(\frac{x+a}{x-a}\right)^{x}=\int_{-\infty}^{a} t\mathrm{e}^{2t}\mathrm{d}t$，求 a 的值。

5.21

二、简答题

当 k 为何值时，广义积分 $\int_{2}^{+\infty}\frac{\mathrm{d}x}{x(\ln x)^{k}}$ 收敛？又 k 为何值时，广义积分发散？

5.22

三、证明题

单位脉冲函数 δ- 函数(狄拉克函数)满足以下条件:$\delta(t)=\begin{cases}0, & t\neq 0\\ \infty, & t=1\end{cases}$,求证:$\int_{-\infty}^{+\infty}\delta(t)\mathrm{d}t=1$。

5.23

四、应用题

电力需求的电涌时期,消耗电能的速度 r 可以近似地表示为 $r=te^{-2t}$(单位:h),求当 $t\to\infty$ 时的总电能 E。

5.24

数学处于人类智能的中心领域…… 数学方法渗透、支配着一切自然科学的理论分支…… 它愈来愈成为衡量成就的主要标志。 ——冯·诺依曼

5.4　定积分的几何应用

5.4.1　定积分的微元法(略)

5.4.2　用定积分求平面图形面积

内容概要

1. 定积分的微元法(或元素法)

(1) 确定积分变量 x(或 y),并求出相应的积分区间$[a,b]$;

(2) 在$[a,b]$上任取一小区间$[x,x+\mathrm{d}x]$,并在小区间上找出所求量 Q 的微元 $\mathrm{d}Q=f(x)\mathrm{d}x$;

(3) 写出所求量 Q 的积分表达式 $Q=\int_a^b f(x)\mathrm{d}x$,进而计算它的值。

按上述步骤解决实际问题的方法叫作定积分的微元法。

2. 平面图形面积

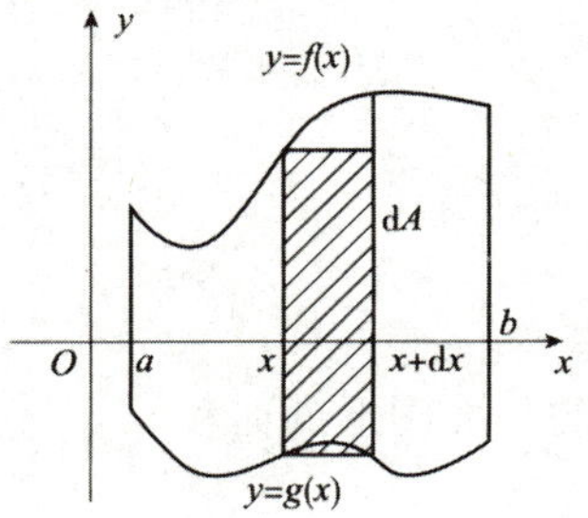

图 5-1

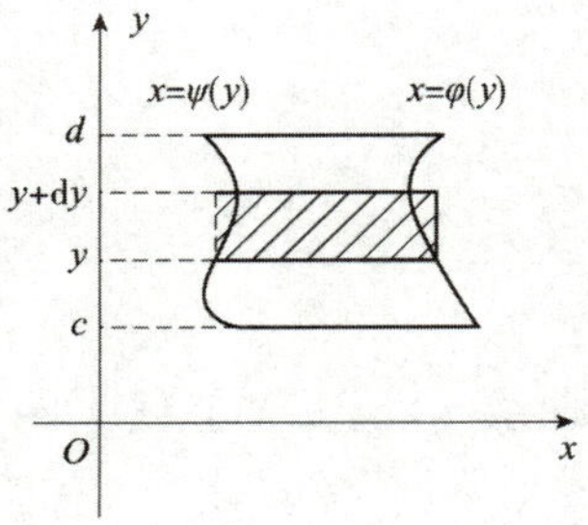

图 5-2

如图 5-1 所示,面积微元

$$\mathrm{d}A=[f(x)-g(x)]\mathrm{d}x,$$

$$\text{面积 } A=\int_a^b[f(x)-g(x)]\mathrm{d}x。$$

如图 5-2 所示,面积微元

$$\mathrm{d}A=[\varphi(y)-\psi(y)]\mathrm{d}y,$$

$$\text{面积 } A=\int_c^d[\varphi(y)-\psi(y)]\mathrm{d}y。$$

基本能力训练

一、选择题

5.25

1. 已知曲线 $y = x^n (x > 0, n > 0)$ 与直线 $y = 1$ 及 y 轴所围成的平面图形的面积为$\frac{1}{3}$，则 $n =$ (　　)

A. $\frac{1}{2}$　　B. $\frac{1}{3}$　　C. $\frac{2}{3}$　　D. $\frac{3}{2}$

2. 曲线 $y = \sin x$ 在$[0, 2\pi]$上与 x 轴所围成的平面图形的面积为(　　)

A. $\int_0^{2\pi} \sin x \mathrm{d}x$　　B. $-\int_0^{2\pi} \sin x \mathrm{d}x$

C. $\int_0^{\pi} \sin x \mathrm{d}x + \int_{\pi}^{2\pi} \sin x \mathrm{d}x$　　D. $\int_0^{\pi} \sin x \mathrm{d}x - \int_{\pi}^{2\pi} \sin x \mathrm{d}x$

3. 已知 $y = x^2$ 与它在 $x = a(a > 0)$ 处的切线及 y 轴所围成的平面图形的面积是 a，则 $a =$ (　　)

A. $\sqrt{3}$　　B. $\frac{\sqrt{3}}{3}$　　C. $\sqrt{2}$　　D. $\frac{\sqrt{2}}{2}$

二、应用题

5.26

1. 求由曲线 $y = x^2$ 与直线 $x + y = 2$ 所围成的平面图形的面积。

2. 求由曲线 $xy = 1$ 与直线 $y = x, x = 2$ 所围成的平面图形的面积。

3. 求由 $y=3-x^2$ 及直线 $y=2x$ 所围成的平面图形的面积。

4. 求由 $y^2=4x$ 与 $y=x-3$ 所围成的平面图形的面积。

拓展能力训练

应用题

5.27

1. 求由 $y=x^2$ 及直线 $y=x, y=2x$ 所围成的平面图形的面积。

2. 一个工程师正在用 Auto CAD 设计一小区的游泳池，游泳池的表面是由曲线 $y=\frac{800x}{(x^2+10)^2}$，$y=0.5x^2-4x$ 以及 $x=8$ 围成的图形，如图 5-3 所示。求此游泳池的表面面积。

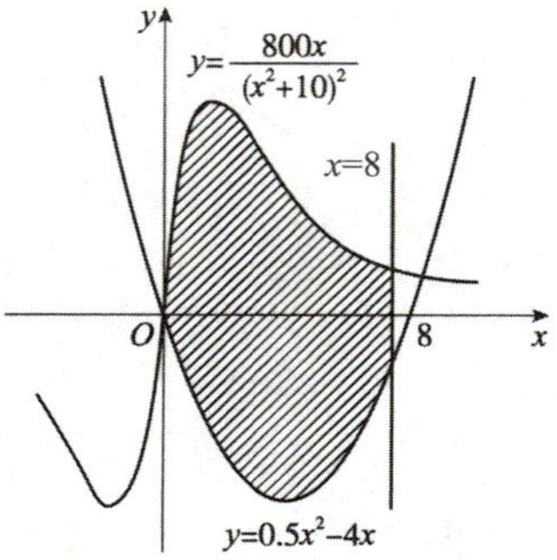

图 5-3

3. 已知直线 $y=ax+b$ 过点(0,1)，当直线 $y=ax+b$ 与抛物线 $y=x^2$ 所围图形面积最小时，a，b 应取何值？

现代高能物理发展到了量子物理以后，有很多根本无法做实验，只好在家用纸笔来研究，这跟数学家想象的差不了多远，所以说数学在物理上有着不可思议的力量。

——丘成桐

5.4.3　用定积分求旋转体体积

内容概要

由连续曲线 $y = f(x)$，直线 $x = a, x = b(a < b)$ 及 x 轴所围成的曲边梯形绕 x 轴旋转一周而成的立体（图 5-4）的体积为

$$V_x = \int_a^b \pi[f(x)]^2 \mathrm{d}x = \int_a^b \pi y^2 \mathrm{d}x。$$

类似地，由曲线 $x = \varphi(y)$ 和直线 $y = c, y = d$ 及 y 轴所围成的曲边梯形绕 y 轴旋转一周（图 5-5），所得的旋转体体积为

$$V_y = \pi\int_c^d [\varphi(y)]^2 \mathrm{d}y = \pi\int_c^d x^2 \mathrm{d}y。$$

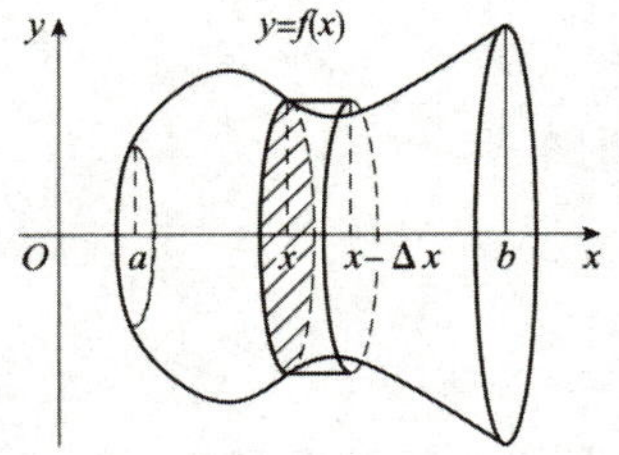

图 5-4

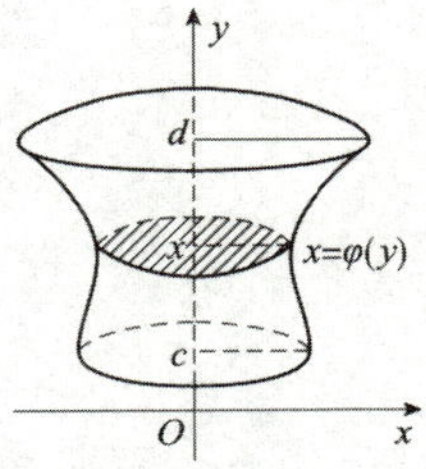

图 5-5

基本能力训练

应用题

1. 求由双曲线 $xy = a(a > 0)$ 与直线 $x = a, x = 2a$ 及 x 轴所围成的图形绕 x 轴旋转所得的旋转体的体积。

5.28

2. 某厂研发的一台机器，它的底座是由曲线 $y=8-x^3$ 与直线 $y=3$ 及 x 轴、y 轴围成的平面图形(图 5-6) 绕 y 轴旋转而成，试求此底座的体积。

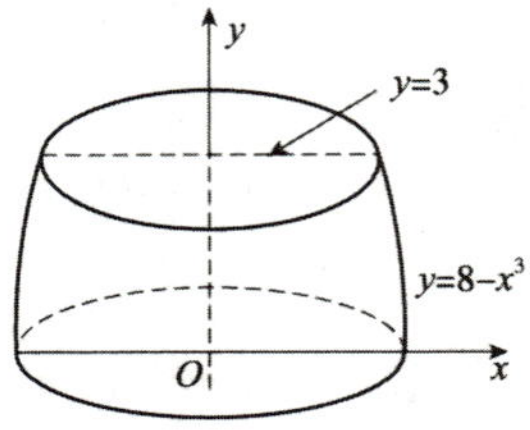

图 5-6

拓展能力训练

应用题

求由抛物线 $y^2=2x$ 与直线 $y=2x-2$ 所围成图形的面积及图形绕 x 轴、y 轴旋转所得的旋转体的体积。

5.29

不管数学的某一分支是多么抽象，总有一天会应用在这实际世界上。

—— 罗巴切夫斯基

5.5　定积分在工程中的应用

内容概要

1. 平面图形的静矩和形心

平面图形(图 5-7) 面积 A 对 x 轴的静矩 S_x 等于静矩微元 $\mathrm{d}S_x$ 在整个平面图形上的积分,即

$$S_x=\int_A \mathrm{d}S_x=\int_A y\,\mathrm{d}A。$$

同理可得,平面图形面积 A 对 y 轴的静矩 S_y 等于静矩微元 $\mathrm{d}S_y$ 在整个平面图形上的积分,即

$$S_y=\int_A \mathrm{d}S_y=\int_A x\,\mathrm{d}A。$$

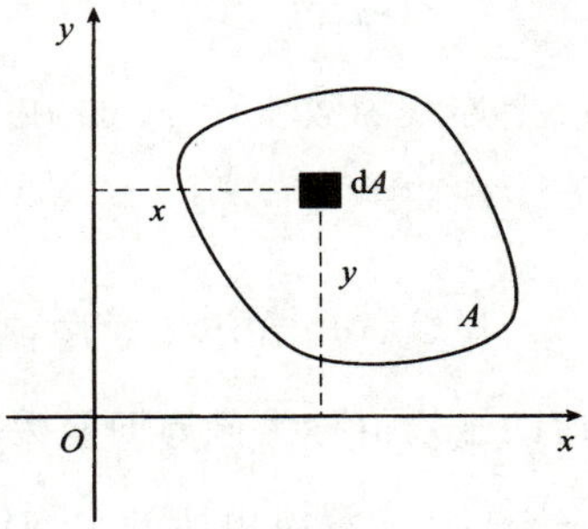

图 5-7

2. 形心

由曲线 $y=f(x)$,直线 $x=a,x=b(a<b)$ 及 x 轴所围成的曲边梯形(图 5-8) 的形心坐标为

$$x_c=\frac{S_y}{A}=\frac{\int_a^b xf(x)\mathrm{d}x}{\int_a^b f(x)\mathrm{d}x},y_c=\frac{S_x}{A}=\frac{\int_a^b \frac{1}{2}f^2(x)\mathrm{d}x}{\int_a^b f(x)\mathrm{d}x}。$$

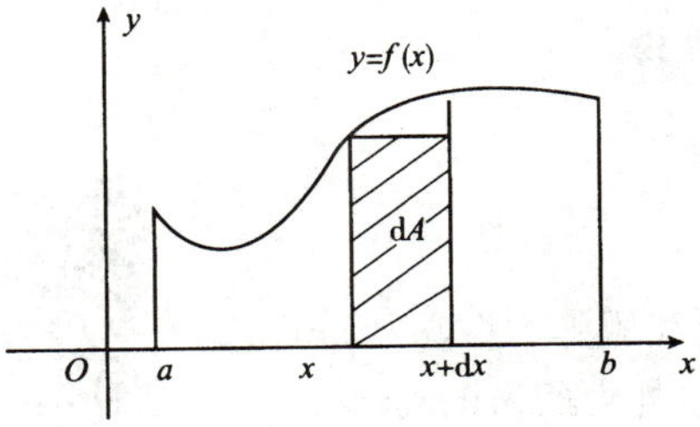

图 5-8

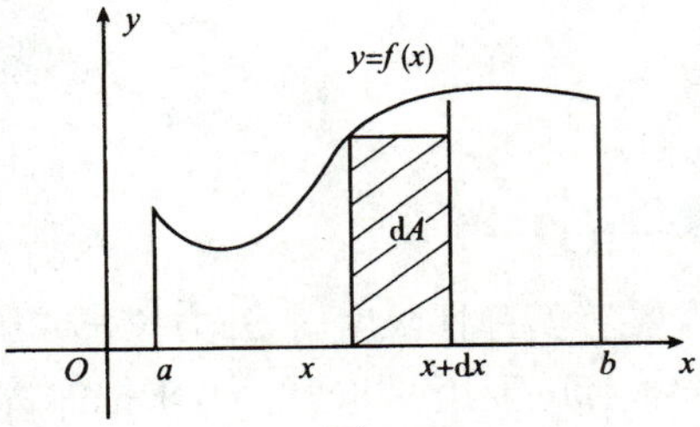

图 5-9

由 $x=\varphi(y)$ 和直线 $y=c,y=d(c<d)$ 以及 y 轴所围成的曲边梯形(图 5-9) 的形心 (x_c,y_c) 的积分表达式为

$$x_c=\frac{S_y}{A}=\frac{\frac{1}{2}\int_a^b \varphi^2(y)\mathrm{d}y}{\int_c^d \varphi(y)\mathrm{d}y},y_c=\frac{S_x}{A}=\frac{\int_c^d y\varphi(y)\mathrm{d}y}{\int_c^d \varphi(y)\mathrm{d}y}。$$

3. 平面图形的惯性矩

如图 5-7 所示的平面图形对 x 轴、y 轴的惯性矩分别是

$$I_x=\int_A y^2\mathrm{d}A, I_y=\int_A x^2\mathrm{d}A,$$

其中 $\mathrm{d}A$ 是平面图形的面积微元。

4. 分布荷载的力矩

如图 5-10 所示，一水平梁上受分布荷载的作用，其荷载集度（杆件单位长度上的荷载）为 $q(x)$（单位：N/m），梁长为 l（单位：m）。该分布荷载对梁左端点 O 的力矩为

$$M_0=\int_0^l xq(x)\mathrm{d}x。$$

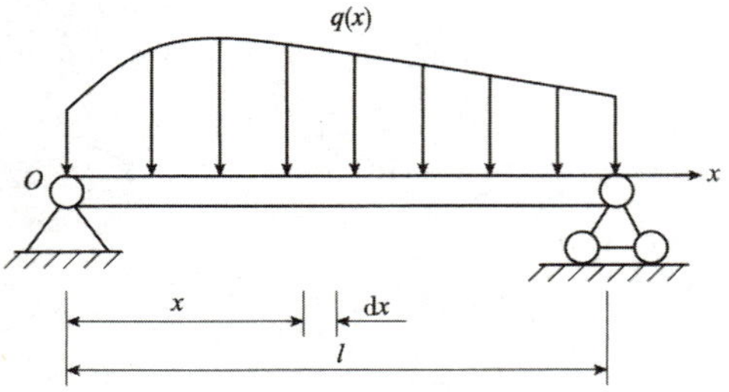

图 5-10

5. 平均值

连续函数 $y=f(x)$ 在 $[a,b]$ 上一切值的平均值 $\overline{y}$ 的计算公式为

$$\overline{y}=\frac{1}{b-a}\int_a^b f(x)\mathrm{d}x。$$

说明：(1) 在电工学中，交流电电流平均值的定义为 $\overline{i}=\frac{1}{T}\int_0^T |i|\mathrm{d}t$，即一周期内函数绝对值的平均值称为该周期函数的平均值，其中 T 为周期。

(2) 交流电电压的平均值为 $\overline{U}=\frac{1}{T}\int_0^T |U|\mathrm{d}t$。

(3) 交流电的平均功率为 $\overline{P}=\frac{1}{T}\int_0^T Ri^2(t)\mathrm{d}t$。

6. 变力做功

计算公式：$W=\int_a^b F(x)\mathrm{d}x$。

基本能力训练

应用题

1. 在弹簧弹性限度内，外力拉长或压缩弹簧，需要克服弹力做功。已知弹簧每拉长 0.02m 要用 9.8N 的力，求把弹簧拉长 0.1m 时，外力所做的功。

5.30

2. 设有一竖直倒放的等腰梯形的闸门(即下底在上，上底在下)，它的上下两底分别为 4m 和 6m，高为 6m，求当梯形下底边与水面齐平时，闸门所受的水的压力。

3. 求自由落体运动的物体从 0 至 t(单位：s) 这段时间内的平均速度。

4. 某电容元件，其两端的瞬时电压为 $U=10\sqrt{2}\sin\omega t$，通过的电容电流为 $i=2\sqrt{2}\cos\omega t$。求该电容元件一周期内的平均功率。

5. 求由曲线 $y=x^2+1$，直线 $x=1$，$x=0$ 与 x 轴所围成的平面图形的形心坐标。

6. 如图 5-11 所示，一水平梁上受分布荷载的作用，其荷载集度 $q(x)=x^2$（单位：N/m），梁长 l 为 4m，试求该分布荷载对梁左端点 O 的力矩 M_0。

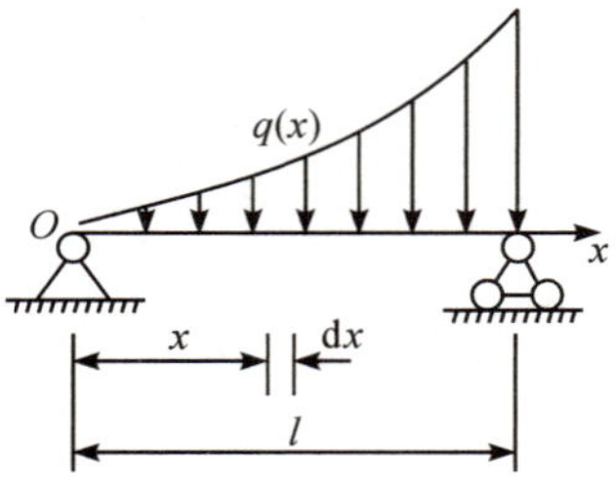

图 5-11

拓展能力训练

应用题

某工程队为清除井底的污泥，用缆绳将抓斗放进井底，装满污泥后提出井口。如图 5-12 所示，已知井深 30m，抓斗自重 400N，缆绳每米重 50N，抓斗抓起的污泥重 2000N，提升速度为 3m/s，在提升的过程中，污泥以 20N/s 的速率从抓斗的缝隙中漏掉，问：克服重力需要做多少焦的功？（抓斗的高度及位于井口上方的缆绳长度忽略不计）

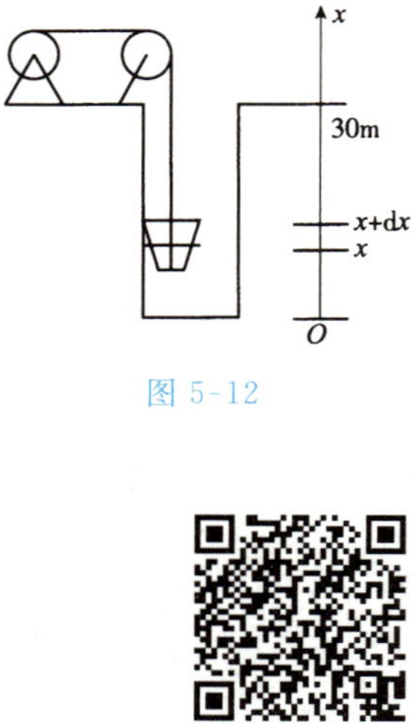

图 5-12

5.31

数学主要的目标是公众的利益和自然现象的解释。 ——傅立叶

第5章自测题

一、选择题

5.32

1. 设 $f(x)=\begin{cases}\sqrt{x},0\leqslant x\leqslant 1\\ e^{-x},1<x\leqslant 2\end{cases}$,则$\int_0^2 f(x)dx=$(　　)

A. $e^{-1}+e^{-2}+\frac{2}{3}$　　B. $e^{-1}+e^{-2}-\frac{2}{3}$

C. $e^{-1}-e^{-2}+\frac{2}{3}$　　D. $e^{-1}-e^{-2}-\frac{2}{3}$

2. $F(x)=\int_x^a \arcsin t dt$,则 $F'(0)=$(　　)

A. -1　　B. 0　　C. 1　　D. a

3. 下列积分中,可直接运用牛顿—莱布尼兹公式计算的是(　　)

A. $\int_0^2 \frac{x^3}{x^2-1}dx$　　B. $\int_{-1}^1 \frac{x}{\sqrt{1-x^2}}dx$

C. $\int_1^{27} \frac{1}{\sqrt[3]{x}}dx$　　D. $\int_{\frac{1}{e}}^{e} \frac{1}{x\ln x}dx$

4. 设 $f'(x)$ 在[1,2]上可积,且 $f(1)=1, f(2)=1, \int_1^2 f(x)dx=-1$,则$\int_1^2 xf'(x)dx=$ (　　)

A. 2　　B. 1　　C. 0　　D. -1

5. 由曲线 $y=e^x$,直线 $x=0, y=2$ 所围成的曲边梯形的面积表达式为(　　)

A. $\int_1^2 \ln y dy$　　B. $\int_1^{\ln 2} \ln y dy$

C. $\int_0^{e^2} e^x dx$　　D. $\int_1^2 (2-e^x)dx$

6. 设 $f(x)=\begin{cases}0, & x<0\\ e^{-\lambda x}, & x\geqslant 0\end{cases}$,且 $\lambda>0$,则广义积分$\int_{-\infty}^{+\infty} f(x)dx=$(　　)

A. $\frac{1}{\lambda}$　　B. λ　　C. $-\frac{1}{\lambda}$　　D. 发散

二、填空题

5.33

1. $\int_0^{\frac{\pi}{2}} \sin x\cos^2 x dx=$ ________。

2. 设 $f(x)=\frac{Ax}{1+x^2}$ 在区间[0,2]上的平均值为 ln5,则 $A=$ ________。

3. $\frac{d}{dx}\left(\int_a^b e^{ax}\cos bx dx\right)=$ ________。

三、计算题

1. $\int_{-2}^{2} \frac{x+|x|}{2+x^2}\mathrm{d}x$

2. $\int_{0}^{1} \frac{x+\arcsin x}{\sqrt{1-x^2}}\mathrm{d}x$

5.34

3. $\int_{-1}^{3} \mathrm{e}^{\sqrt{x+1}}\mathrm{d}x$

四、应用题

1. 求由曲线 $y=x^2$ 与直线 $y=2x+8$ 所围成的平面图形的面积。

5.35

2. 求由曲线 $y=x^2+2$，直线 $x=1$，$x=0$ 与 x 轴所围成的平面图形的形心坐标。

没有数学，我们无法看透哲学的深度；没有哲学，人们也无法看透数学的深度；而若没有两者，人们就什么也看不透。 ——德谟林斯

第6章

基于MATLAB软件的数学实验

6.1 MATLAB 基本操作

内容概要

1. MATLAB 变量命名规则

(1) 变量名必须是不含空格的单个词；

(2) 变量名区分大小写；

(3) 变量名最多不超过 63 个字符；

(4) 变量名必须以字母开头，之后可以是任意字母、数字或下划线，变量名中不允许使用标点符号；

(5) 特殊变量命名见教材。

2. 符号变量的创建

sym a　表示一次创建一个符号变量；

syms a b x y　表示一次创建多个符号变量；

sym('x')　表示创建一个符号变量 x，它可以是字符、字符串或字符表达式。

3. MATLAB 基本运算符

见教材 §6.1.3(2)。

4. MATLAB 数学函数

见教材 §6.1.3(3)。

5. 符号代数式的运算和变换

expand(F)　将符号表达式 F 展开；

factor(F)　将符号表达式 F 因式分解；

simplify(F)　将符号表达式 F 化简。

6. 代数方程求解

s = solve(f)　表示求方程 $f=0$ 的根，变量由系统默认；

s = solve(f,x) 或 s = solve(f == 0,x)　表示求方程 $f(x)=0$ 的根，指定变量为 x；

[x1,x2,…,xn] = solve(eq1,eq2,…,eqn)　表示求方程组的解，其中，x1,x2,…,xn 表示需要求解方程的变量名，eqi 表示第 i 个方程的符号表达式。

7. MATLAB 绘制平面曲线的图形

(1) 利用 plot 函数绘制函数图象

Plot(x,y,'s1,s2,…')　表示绘制以 x、y 为横、纵坐标的二维曲线，s1、s2、… 是用来指定线型、颜色的字符参数，多个参数之间用空格隔开，基本线型和颜色见教材 §6.1.6。

(2) 利用 ezplot 函数绘制函数图象

ezplot(func,[min,max])　其中，func 为需要绘图的函数，[min,max] 为自变量的范围，如果用户不定义自变量范围，则指令默认为范围为 $[-2\pi,2\pi]$ 上的图形。

基本能力训练

一、选择题

1. 下列变量名中________是合法的。

A. char_1　　B. a.1　　C. x\y　　D. 1bcx

2. 在 MATLAB 中，________用于括住字符串。

A. .　　B. ;　　C. ' '　　D. " "

3. 运行以下命令：

>> x = [1 2 3;4 5 6];y = x + x * i;plot(y)

则在图形窗口中绘制________条曲线。

A. 1　　B. 2　　C. 6　　D. 4

4. 运行以下命令：

>> x = [1 2 3;4 5 6];plot(x,x,x,2 * x)

则在图形窗口中绘制________条曲线。

A. 4　　B. 6　　C. 3　　D. 5

二、计算机操作题

1. 计算题

(1) $\frac{2}{5}+3\sqrt{21}$　　(2) $\arcsin 0.8+2\arctan 5$

6.1

(3) $\cos 55°15' + \tan 23°20'$

(4) $\frac{5}{\ln 2} - |\sin(-1020°)| + e^2$

2. 设 $f(x) = \frac{x\sqrt{1+x^2}}{1+2x\sin(x)}$，求 $f\left(\frac{\pi}{4}\right)$。

3. 求函数 $y_1 = x^3 + x - 3$，$y_2 = 2x - 2$ 的和、差、积、商，并进行化简。

4. 将下列式子因式分解

(1) $x^3 + x^2 - 4x - 4$

(2) $x^8 - 64$

5. 解下列方程或方程组

(1)$x^3 - x^2 + 3x - 3 = 0$

(2)$\begin{cases} x_1 + x_2 + x_3 + x_4 = 10 \\ x_1 - x_2 + 2x_3 - x_4 = 1 \\ 2x_1 - x_2 - x_3 + 2x_4 = 5 \\ 2x_1 - x_2 + 2x_3 - x_4 = 2 \end{cases}$

6. 用"红色、+"作函数 $y = x^3 + 2x - 1$ 的二维图形。

7. 在同一坐标系中作出下列函数的图形

(1)$y = \sin x$ 与 $y = \cos x, x \in [-2\pi, 2\pi]$

(2)$y = x^3 - x - 1$ 与 $y = |x|^{0.2}\sin(5x), x \in [-1, 2]$

拓展能力训练

一、计算机操作题

1. 作分段函数 $y=\begin{cases}x+1, & -2\leqslant x\leqslant 1\\ \ln x, & 1<x\leqslant 4\end{cases}$ 的图形，两段图像用不同的颜色区分。

6.2

2. 绘制隐函数 $x^2+y^2-4xy+\mathrm{e}=0(x\in[-8,8])$ 的图像。

6.2　一元函数微积分问题的 MATLAB 操作

内容概要

1. MATLAB 求极限命令

limit(f,x,a)　表示求$\lim\limits_{x \to a} f(x)$；

limit(f,x,a,'left')　表示求$\lim\limits_{x \to a^+} f(x)$；

limit(f,x,a,'right')　表示求$\lim\limits_{x \to a^-} f(x)$；

limit(f,x,inf)　表示求$\lim\limits_{x \to \infty} f(x)$；

limit(f,x,-inf)　表示求$\lim\limits_{x \to -\infty} f(x)$；

limit(f,x,+inf)　表示求$\lim\limits_{x \to +\infty} f(x)$。

说明：limit(f) 表示求表达式 f 中的自变量(系统默认自变量为 x) 趋向于 0 时的极限。

2. MATLAB 求导数命令

(1) 显函数求导

diff(f,x)　以 x 为自变量，求 f 对 x 的一阶导数。

diff(f,x,n)　以 x 为自变量，求 f 对 x 的 n 阶导数。

g = diff(f,x,n);x = x0;eval(g)　求函数 $f = f(x)$ 在 $x = x_0$ 处的 n 阶导数。

(2) 隐函数求导

由已知方程 $F(x,y) = 0$ 所确定的隐函数 $y = y(x)$ 可导，求$\frac{\mathrm{d}y}{\mathrm{d}x}$。

\>> dfx = diff(F,x);dfy = diff(F,y)　% 求函数 F 分别对 x,y 的偏导数 dFx 及 dFy

\>> g =- dfx/dfy

(3) 参数方程求导

已知参数方程$\begin{cases} x = g(t) \\ y = f(t) \end{cases}$，求$\frac{\mathrm{d}y}{\mathrm{d}x}$。

\>> dx = diff(x,t);dy = diff(y,t);dy/dx

3. MATLAB 求极值命令

[xmin,ymin] = fminbnd('f',a,b)　表示求函数 $y = f(x)$ 在区间 (a,b) 上的极小值，但它只能给出连续函数的局部最优解；

[xmax,ymax] = fminbnd('-f',a,b)　表示求函数 $y = f(x)$ 在区间 (a,b) 上的极大值，这里极大值要取出输出量 ymax 的相反数。

4. MATLAB 求积分命令

int(f,x)　表示求$\int f(x)\mathrm{d}x$；

int(f,x,a,b)　表示求$\int_a^b f(x)\mathrm{d}x$；

int(f,x,a,+inf)　表示求$\int_a^{+\infty} f(x)\mathrm{d}x$；

int(f,x,-inf,b)　表示求$\int_{-\infty}^b f(x)\mathrm{d}x$；

int(f,x,-inf,+inf)　表示求$\int_{-\infty}^{+\infty} f(x)\mathrm{d}x$。

基本能力训练

计算机操作题

6.3

1. 利用 MATLAB 求下列极限

(1) $\lim\limits_{x\to 2}\dfrac{x^2-3x-4}{x^2-4}$　　(2) $\lim\limits_{h\to 0}\dfrac{(x-h)^3-x^3}{h}$

(3) $\lim\limits_{n\to\infty}(\sqrt{n+1}-\sqrt{n})\sqrt{n}$　　(4) $\lim\limits_{x\to 0}\dfrac{\tan x-\sin x}{x^2\sin x}$

(5) $\lim\limits_{x\to+\infty}\left(1-\dfrac{1}{x}\right)^{\sqrt{x}}$　　(6) $\lim\limits_{x\to+\infty}\dfrac{x\cos\sqrt{x}}{1+x^2}$

2. 利用 MATLAB 求下列函数的导数$\frac{dy}{dx}$

(1) $y=\ln(x+\sqrt{x^2+a^2})$

(2) $y=x\arctan x-e^{-x}$

(3) $y=(\cos x)^{\sin x}$

(4) $y=x\arcsin\frac{x}{3}+\sqrt{9-x^2}+\ln 2$

3. 已知函数 $f(x)=\frac{1}{1-x}+\frac{x^3}{3}$，求 $f'(0)$。

4. 求曲线 $y=x^3+2x$ 在 $x=1$ 处的切线方程，并绘制其图像。

5. 已知函数 $y=\ln(x+1)$，利用 MATLAB 求 $y^{(5)}$。

6. 利用 MATLAB 求下列积分

(1) $\int \sin^3 x\mathrm{d}x$　　　(2) $\int \dfrac{\sqrt{x-1}}{x}\mathrm{d}x$

(3) $\int \dfrac{(1+x)\mathrm{e}^x}{1+x\mathrm{e}^x}\mathrm{d}x$　　　(4) $\int_1^4 (x^2-1)\mathrm{d}x$

(5) $\int_0^{+\infty} t\mathrm{e}^{-t}\mathrm{d}t$　　　(6) $\int_{-\infty}^{+\infty} \dfrac{\mathrm{d}x}{x^2+4x+5}$

拓展能力训练

计算机操作题

1. 利用 MATLAB 求由下列方程所确定的隐函数 y 的导数 $\dfrac{\mathrm{d}y}{\mathrm{d}x}$

6.4

(1) $y^2-2xy+\mathrm{e}^2=0$　　　(2) $y=\cos x+\dfrac{1}{2}\sin y$

2. 设 $f(x)=\begin{cases}\dfrac{\ln(1-3x)}{bx}, & x<0\\ 2, & x=0\\ \dfrac{\sin ax}{x}, & x>0\end{cases}$,试确定 a,b,使函数 $f(x)$ 为连续函数。

3. 利用 MATLAB 求由参数方程 $\begin{cases}x=2e^{t}\\ y=e^{-t}\end{cases}$ 给定的曲线在 $t=0$ 处的切线方程。

4. 利用 MATLAB 求函数 $y=x^3-3x^2-9x+5$ 在$[-5,5]$处的极值。

思维的经济原则在数学中得到了高度发挥,数学是各门科学在高度发展中所达到的最高形式的一门科学,各门自然科学都频繁地求助于它。 ——恩斯特·马赫

第6章自测题

一、填空题

写出下列函数或符号在 MATLAB 中的表示式：

(1) $\sin x$ ________。　(2) $\tan x$ ________。　(3) $|x|$ ________。

(4) $\arctan x$ ________。　(5) e^x ________。　(6) $\ln x$ ________。

(7) $\log_2 x$ ________。　(8) π ________。　(9) ∞ ________。

(10) 一次创建多个符号变量的 MATLAB 命令是________________。

(11) MATLAB 中的变量名必须以________________开头。

(12) 在 MATLAB 中，“$a\times b$” 表示________；“a^b” 表示________。

(13) 在 MATLAB 中，是否区分大小写________(填“区分” 或“不区分”)

二、计算机操作题

6.5

1. 利用 MATLAB 软件计算：$\sqrt{38}\sin 25°+e^2-\ln 9$。

2. 已知函数 $f(x)=\arctan x+\sqrt{x^2-9}+|x-1|$，求 $f(6)$。

3. 利用 MATLAB 软件求解方程组
$$\begin{cases}x-y+z=2,\\2x+y+z=3,\\x-y-2z=1.\end{cases}$$

4. 作下列图形

(1) 在同一坐标系中作出 $y=\sin 2x$（用红色表示）与 $y=\cos\left(2x+\frac{\pi}{6}\right)$（用黄色表示）的图形；

(2) 作出分段函数 $f(x)=\begin{cases}x^2+1, x\geqslant 0\\ 1-x, x<0\end{cases}$ 的图形。

5. 利用 MATLAB 求下列极限

(1) $\lim\limits_{x\to 0}\dfrac{1-\cos 2x}{x\sin x}$

(2) $\lim\limits_{x\to 0^-}\dfrac{2^{\frac{1}{x}}-1}{2^{\frac{1}{x}}+1}$

(3) $\lim\limits_{x\to\infty}\left(\dfrac{x}{1+x}\right)^x$

6. 利用 MATLAB 求下列函数的导数 $\dfrac{dy}{dx}$

(1) $y=2xe^{x^2}+\sin 3x$

(2) $y=\sin(x+y)$

7. 已知函数 $y=\ln(1+x)$，利用 MATLAB 求 $\left.\frac{d^4y}{dx^4}\right|_{x=0}$。

8. 利用 MATLAB 求下列积分

(1) $\int \frac{x}{\sqrt{2-x^2}}dx$

(2) $\int_{-2}^{4}(x+4-\frac{1}{2}x^2)dx$

(3) $\int_0^{+\infty} e^{-\sqrt{x}}dx$

9. 利用 MATLAB 画出由曲线 $y=x^2-4$ 和直线 $y=x+2$ 所围成的平面图形，并求此平面图形的面积。

给我空间、时间及数，我可以创造一个宇宙。——伽利略

部分习题参考答案

第 1 章　函数、极限与连续

1.1　函　数

1.1.1　函数基本知识的理解

基本能力训练

一、1. B　2. A　3. A　4. C　5. C　6. D　7. D　8. D　9. C

二、1. $[2,+\infty)$

2. $3\lg^2(1+t)+2\lg(1+t)$　$\lg(1+3x^2+2x)$

3. $\dfrac{x-1}{x}$　x

三、1. (1) $y=u^2, u=\sin v, v=1-\dfrac{1}{x}$　(2) $y=\ln u, u=\cos v, v=\sqrt{w}, w=1+x^2$

2. $[-1,3]$

3. x^2+4x+5　$x^2-8x+17$　x^4+6x^2+10

拓展能力训练

1. $[-3,-1]$

2. 奇函数

3. $f(x)=3x^4-12x^3+16x^2-8x+5$

1.1.2　实际问题函数模型的建立

基本能力训练

1. $y=\begin{cases}150x, & 0\leqslant x\leqslant 600\\ 18000+120x, & 600<x\leqslant 1200\end{cases}$

2. $L=\dfrac{2s^2+32\sqrt{s}}{s}(0<s<8)$

3. $S=24\pi x-2\pi x^2(0<x<12)$

4. $S=(R+\sqrt{R^2-h^2})h(0<h<R)$

拓展能力训练

1. $G=f(w)=\begin{cases}0.5w, & 0\leqslant w\leqslant 60\\ 0.8w-18, & 60<w\leqslant 90\\ 1.2w-54, & w>90\end{cases}$

2. $S=x\sqrt{2500-x^2}\,(0<x<50)$

3. (1) $P=\begin{cases}90, & 0\leqslant x\leqslant 100\\ 90-0.01(x-100), & 100<x<1600\\ 75, & x\geqslant 1600\end{cases}$

(2) $L=(P-60)x=\begin{cases}30x, & 0\leqslant x\leqslant 100\\ 31x-0.01x^2, & 100<x<1600\\ 15x, & x\geqslant 1600\end{cases}$

(3) $L=21000$(元)

1.2 函数的极限

1.2.1 数列的极限

基本能力训练

一、1. B 2. C

二、1. $a_n=(-1)^{n-1}\dfrac{n+1}{n}$,不存在 2. $a_n=\dfrac{n+(-1)^{n-1}}{n}$,1

3. $\dfrac{2n-1}{2n+1}$,1 4. $\dfrac{3}{2}$ 5. $\dfrac{1}{5}$ 6. $\dfrac{3}{2}$

拓展能力训练

1. $\dfrac{2}{3}$ 2. $\dfrac{13}{36}$ 3. $\dfrac{1}{2}$

1.2.2 函数的极限

基本能力训练

一、1. B 2. B

二、1. $\lim\limits_{x\to 1^-}f(x)=0$, $\lim\limits_{x\to 1^+}f(x)=3$, $\lim\limits_{x\to 1}f(x)$不存在

2. $\lim\limits_{x\to 0^-}f(x)=1$, $\lim\limits_{x\to 0^+}f(x)=0$, $\lim\limits_{x\to 0}f(x)$不存在

三、$\lim\limits_{x\to-2}f(x)=11$，$\lim\limits_{x\to1}f(x)=-1$，$\lim\limits_{x\to2}f(x)=-2$，$\lim\limits_{x\to4}f(x)=4$

拓展能力训练

1. $\frac{3}{4}$　**2.** 2

1.2.3　无穷小量与无穷大量

基本能力训练

一、**1.** D　**2.** D　**3.** B

二、**1.** 0　**2.** 1　**3.** ∞　**4.** 0

1.3　极限的运算

1.3.1　极限四则运算法则的应用

基本能力训练

一、**1.** A　**2.** D

二、**1.** $-\frac{2}{3}$　**2.** 0　**3.** $\frac{1}{2}$　**4.** -3

三、**1.** 3　**2.** 0　**3.** 1　**4.** 1　**5.** $\frac{1}{2}$　**6.** $\frac{2\sqrt{2}}{3}$　**7.** $\left(\frac{3}{2}\right)^9$

拓展能力训练

一、**1.** $\frac{1}{2}$　**2.** $\frac{1}{1-x}$

二、**1.** $a=1,b=-2$　**2.** $a=-4,b=10$　**3.** $a=1,b=-1$

1.3.2　两个重要极限的应用

基本能力训练

一、**1.** D　**2.** B　**3.** D

二、**1.** 0　**2.** $\frac{1}{3}$　**3.** 3　**4.** e^6

三、**1.** $\frac{3}{5}$　**2.** 5　**3.** e^4　**4.** e^{-2}　**5.** e^3　**6.** e^{-2}

拓展能力训练

1. $\frac{6}{5}$ **2.** e^3 **3.** $e^{\frac{5}{3}}$ **4.** 0

1.3.3 无穷小的比较

基本能力训练

1. $\frac{1}{2}$ **2.** 4 **3.** $\sqrt{2}a$ **4.** $\frac{2}{3}$

拓展能力训练

1. 0 **2.** $\frac{5}{2}$ **3.** $\frac{n}{m}$

1.4 函数的连续

1.4.1 连续、间断定义的理解及应用

基本能力训练

一、**1.** B **2.** D **3.** A **4.** B **5.** C

二、**1.** 1 **2.** -2 **3.** 5

三、**1.** 连续区间：$(-\infty,+\infty)$ **2.** 连续区间：$(-\infty,0)$，$(0,+\infty)$

3. $a=2,b=0$ **4.** 连续区间：$(-\infty,-3)$，$(-3,2)$，$(2,+\infty)$；$x=-3$ 为第一类可去间断点，$x=2$ 为第二类间断点。

拓展能力训练

1. 连续区间：$(-\infty,0)$，$(0,+\infty)$；$x=0$ 为第二类无穷间断点。

2. $a=b=2$ **3.** $a=1,b=\mathrm{e}$ **4.** $a=1,b=1-\frac{\pi}{2}$

1.4.2 闭区间上连续函数性质的应用

基本能力训练

1. 提示：在$(-3,-2)$，$(-2,0)$，$(0,4)$上分别用零点定理。

2. 提示：在(−1,0)上用零点定理。

3. 提示：在(0,1)上用零点定理。

拓展能力训练

1. 提示：设 $F(x)=f(x)-x$，在(a,b)上满足零点定理。

2. 提示：设 $F(x)=x-a\sin x-b$，在$[0,a+b]$上用零点定理。

3. 提示：在$[c,d]$上用最大值与最小值定理及介值定理。

第1章自测题

一、1. C　2. B　3. A　4. A　5. D

二、1. $\frac{1}{4}x^2+\frac{1}{2}x-\frac{15}{4}$　x^2-2x-3　2. $-\frac{3}{4}$　0

3. 1　−2　不存在　4. $\frac{5}{2}$　$\frac{3}{2}$　5. 2　6. e^6　7. 2　2

三、1. $f[f(x)]=\frac{3x+6}{2x+7}$，定义域：$\left(-\infty,-\frac{7}{2}\right)\cup\left(-\frac{7}{2},-2\right)\cup(-2,+\infty)$。

2. 1　3. e^{-3}

4. 连续区间为：$(-\infty,0)\cup(0,+\infty)$，$x=0$ 是第一类跳跃间断点。

5. $V=\frac{\sqrt{2}}{96}a^3$

四、提示：$f(1)>0$，$f(2)<0$，在区间$[1,2]$上满足零点定理。

第2章　导数和微分

2.1　导数的概念

基本能力训练

一、1. C　2. D　3. B　4. B　5. D　6. C　7. C　8. B　9. B　10. B

二、1. 12m/s　2. 4.9(10+Δt)m/s　49m/s　gt

3. −1　$y=-(x-\pi)$　$y=x-\pi$　4. $y-f(x_0)=f'(x_0)(x-x_0)$

5. $y=C$　6. (2,4)　7. 不可导　8. 1　1

拓展能力训练

一、1. B　2. C　3. B　4. B　5. C　6. D

二、1. 略　2. 略

2.2 导数的运算

2.2.1 函数和、差、积、商求导法则的应用

基本能力训练

一、1. 5m/s 2. $\sin a+\cos a$ 3. $\frac{10}{3}$ 4. $\pm a$ 5. -1 6. $-x^{-1}$ 7. $-3-3x^{-2}+15x^{-4}$

8. $\frac{x\cos x-\sin x}{x^2}$ 9. $\frac{\sin x}{2\sqrt{x}}+\sqrt{x}\cos x$ 10. $2x\cos x-x^2\sin x$ 11. $10x^4-18x^2-8x$

二、1. $\frac{11}{3}+3\ln 3$ 2. 0 3. -2

三、1. $9x^2-2x+3$ 2. $\arcsin x+\frac{x}{\sqrt{1-x^2}}$ 3. $\frac{\cos x+\cos x\ln x+x\sin x\ln x}{\cos^2 x}$

4. $\frac{2}{x(1-\ln x)^2}$ 5. $\frac{-2\sin x}{(1-\cos x)^2}$

四、1. $-\frac{1+2x}{(1+x+x^2)^2}$ 2. $\arcsin x+\frac{1}{2\sqrt{x}}\arctan x+\frac{x}{\sqrt{1-x^2}}+\frac{\sqrt{x}}{1+x^2}$

3. $-\frac{1+t}{\sqrt{t}(1-t)^2}$ 4. $\frac{-(1+\sqrt{x})\csc^2 x-\frac{1}{2\sqrt{x}}\cot x}{(1+\sqrt{x})^2}$ 5. $\frac{1+x^2-2x(1-x)(2-x)}{(1-x)^2(1+x^2)^2}$

五、1. $\frac{3}{25}$ 2. $\frac{\sqrt{2}}{4}\left(1+\frac{\pi}{2}\right)$ 3. $-\frac{1}{18}$ 4. 2 5. a_1

拓展能力训练

1. 略

2. 10!

3. $\frac{(-1)^{n-1}}{n^2+n}$

2.2.2 复合函数求导法则的应用

基本能力训练

一、1. B 2. D 3. D 4. C

二、**1.** $50(1+5x)^9$　**2.** $-\frac{1}{2\sqrt{1-x}}$　**3.** $\frac{1}{2\sqrt{(1-x)^3}}$　**4.** $\frac{2}{1+2x}$

5. $2x\cos x^2$　**6.** $-\tan x$　**7.** $-14x(1-x^2)^6$　**8.** $2xe^{x^2}$

9. $6\cos\left(2t+\frac{\pi}{3}\right)$　**10.** $\frac{1}{2\sqrt{x}(1+x)}$　**11.** $-3\cos^2 x\sin x-3\sin 3x$

12. $2x\sec x^2\tan x^2$　**13.** $\frac{3\sin x}{\cos^4 x}$　**14.** $-\frac{x}{\sqrt{1-x^2}}$　**15.** $2x\sin\frac{1}{x}-\cos\frac{1}{x}$

拓展能力训练

一、**1.** $\sin 2(1-x)$　**2.** $\frac{1}{\sqrt{x^2-1}}$　**3.** $\frac{1}{\ln(\ln x)\cdot\ln x\cdot x}$

4. $\frac{-2x\sin 2x-2\cos 2x}{x^3}$　**5.** $-\frac{\sin 2x\sin x^2+2x\cos x^2(1+\cos^2 x)}{\sin^2 x^2}$

6. $\frac{\sec^2\left(x+\frac{1}{x}\right)}{2\sqrt{1+\tan\left(x+\frac{1}{x}\right)}}\left(1-\frac{1}{x^2}\right)$　**7.** $4(x+\sin^2 x)^3(1+\sin 2x)$　**8.** $\frac{1}{\sqrt{1-x^2}+1-x^2}$

二、(1) $\cos(\sin x)$　(2) $2x^2$

三、**1.** $2xf'(x^2)$　**2.** $f'(e^x)e^{f(x)}e^x+f'(x)e^{f(x)}f(e^x)$　**3.** $f'(f(x))f'(x)$

4. $[f'(\sin^2 x)-f'(\cos^2 x)]\sin 2x$

2.2.3　隐函数求导法则的应用

基本能力训练

一、**1.** B　**2.** B　**3.** B　**4.** C

二、**1.** $y'=\frac{y+e^x}{e^y-x}$　**2.** $y'=\frac{y-2x}{2y-x}$　**3.** $y'=\frac{y}{y-1}$　**4.** $y'=\frac{\cos(x+y)}{1-\cos(x+y)}$

三、**1.** $\left(\frac{\ln(1+x^2)}{2\sqrt{x}}+\frac{2x\sqrt{x}}{1+x^2}\right)(1+x^2)^{\sqrt{x}}$

2. $y'=\frac{(x+1)\sqrt[3]{x-1}}{(x+4)^2e^x}\left[\frac{1}{x+1}+\frac{1}{3(x-1)}-\frac{2}{x+4}-1\right]$

拓展能力训练

1. 切线方程：$y+\frac{1}{2}x-2=0$；法线方程：$y-2x+\frac{1}{2}=0$。

2. $2\pi ab$

2.3 高阶导数

基本能力训练

一、1. $-48\sin\left(4t+\frac{\pi}{6}\right)$ 2. $\sin x$ 3. $n!a_n$

二、1. $-2\sin x-x\cos x$ 2. $2^n e^{2x}$

拓展能力训练

1. 略

2. $(-1)^n n!(1+x)^{-n-1}$

3. $\frac{2(y-2)(x+y+2)}{(x+2y)^3}$

4. $\frac{(-1)^n n!}{4}[(x-1)^{-n-1}-(x+3)^{-n-1}]$

5. 因为水量 w 随着时间的增加而增加，所以$\frac{dw}{dt}>0$；但因为增加量越来越小，所以$\frac{d^2w}{dt^2}<0$。

2.4 函数的微分

2.4.1 函数微分的求解

基本能力训练

一、1. $\frac{1}{x^2}$ $\frac{2}{x}$ 2. $e^{\cos x}$ $-\sin x e^{\cos x}$ 3. $\cos\frac{1}{x}$ $-\frac{1}{x^2}\cos\frac{1}{x}$

4. $n\sin^{n-1}x$ $n\sin^{n-1}x\cdot\cos x$ 5. $\ln|x|+C$ 6. $2\sqrt{x}+C$

7. $x+\ln|x|+C$ 8. $\sin x+C$ 9. $-\cos x+C$

10. $\ln(1+x^2)+C$ $\frac{2x}{1+x^2}$ 11. $e^{\frac{1}{x}}+C$ $-\frac{1}{x^2}e^{\frac{1}{x}}$

12. $e^{\sin^2 x}$ $2\sin x e^{\sin^2 x}$ $\sin 2x e^{\sin^2 x}$

二、1. $dy=0.02, \Delta y=0.0201, \Delta y-dy=0.0001$。 2. $(3x^2-4x-8)dx$

3. $\frac{2x}{\sqrt{-x^4+x^2}}dx$ 4. $\left(\frac{4\ln x}{x}+1\right)dx$ 5. $e^{\arctan\sqrt{x}}\cdot\frac{1}{1+x}\cdot\frac{1}{2\sqrt{x}}dx$

6. $dy=-dx$ 7. $2\ln x\cdot\frac{1}{x}dx$ 8. $\frac{-6x^2}{(x^3-1)^2}dx$

拓展能力训练

1. 0.25

2. $\frac{y-x}{y+x}dx$

3. $dy=\left(\frac{e^{\arctan\sqrt{x}}}{2\sqrt{x}(1+x)}+\frac{2\sqrt{x}-1}{4\sqrt{x}\cdot\sqrt{x-\sqrt{x}}}\right)dx$

2.4.2 微分的运用

基本能力训练

1. 0.5076

2. 0.667%

第2章自测题

一、1. A　2. C　3. B　4. B　5. C

二、1. $y-\frac{1}{2}=\frac{\sqrt{3}}{2}\left(x-\frac{\pi}{6}\right)$　2. (1)0　(2)$\frac{3\pi}{4}$

3. $-\sin\left(t-\frac{\pi}{6}\right)$　4. 1　5. $\frac{\ln 2}{2}+\frac{1}{\ln 2}$

6. 2　7. x

三、1. $3x^2-\frac{7}{2}x^{\frac{5}{2}}$　2. $\frac{-4x}{1-2x^2}$　3. $\frac{\ln x}{x\sqrt{1+\ln^2 x}}$

4. $4(x+\ln^2 x)^3\left(1+\frac{2\ln x}{x}\right)$　5. $-\frac{1}{2(1+\sqrt{x})^2\sqrt{x}}-\frac{1}{2(1-\sqrt{x})^2\sqrt{x}}$

6. $2x\cos x^2+\sin 2x$　7. $\frac{x}{1+x^2}-\frac{1}{2\sqrt{(2+x)^3}}$

8. $\left[\ln\left(1+\frac{1}{x}\right)-\frac{1}{1+x}\right]\left(1+\frac{1}{x}\right)^x$

四、1. $y'=-\frac{e^y+ye^x}{xe^y+e^x}$　2. $y'=\frac{ay-x^2}{y^2-ax}$

3. $\frac{y^2-e^{x+y}}{e^{x+y}-2xy}$

五、1. 0　2. -1　3. $\frac{3}{4}$　4. $\frac{5}{8}$

六、1. $\ln x dx$　2. $\frac{2\ln(1-x)}{x-1}dx$　3. $\sin 2x dx$

4. $\frac{1+x^2}{(1-x^2)^2}dx$　5. $(2x-2x^2)e^{-2x}dx$　6. $(-x^2+4x-5)e^{-x}dx$

7. $\frac{1}{x\ln x}dx$　8. $\frac{3}{x^2}\sin\frac{2}{x}e^{-3\sin^2\frac{1}{x}}dx$

七、切线方程：$y+2x-4=0$；法线方程：$2x-y-3=0$。

八、(1)9.6π　(2)$\frac{1}{60}$

第3章　导数的应用

3.1　微分中值定理的应用

基本能力训练

一、**1.** A　**2.** D

二、**1.** 提示：显然 $f(x)$在整个实数轴上连续可导，且由罗尔定理知，在区间$(1,2)$内，存在一点 x_1，使得 $f'(x_1)=0$；在区间$(2,3)$内，存在一点 x_2，使得 $f'(x_2)=0$。因此，方程 $f'(x)=0$有两个实根 x_1,x_2，且它们分别在区间$(1,2)$和$(2,3)$内。

2. 提示：设 $f(t)=e^t$，则 $f(t)$在区间$[0,x]$上满足拉格朗日中值定理条件，且 $f'(t)=e^t$，所以 $e^x-e^0=e^{\xi}(x-0)(0<\xi<x)$，即 $e^x=1+e^{\xi}x$；又因为在 $\xi\in[0,x]$时，$e^{\xi}>1$，所以 $e^x=1+e^{\xi}x>1+x$。

拓展能力训练

1. 提示：设 $f(x)=\sin x$。显然，$f(x)$在区间$[a,b]$上连续，在(a,b)上可导，且$f'(x)=\cos x$。由拉格朗日中值定理得，(a,b)内至少存在一点 x，使$\frac{f(b)-f(a)}{b-a}=f'(x)$，即 $f(b)-f(a)=f'(x)(b-a)$，将 $f(x)=\sin x$，$f'(x)=\cos x$ 代入，得 $\sin b-\sin a=\cos x(b-a)$。

因为$|\cos x|\leqslant 1$，所以$|\cos\xi|\leqslant 1$，即$|\sin b-\sin a|=|\cos x||b-a|\leqslant b-a$。

2. 提示：设 $f(t)=\ln t$，在$[1,1+x]$上应用拉格朗日中值定理。

3.2　洛必达法则的应用

基本能力训练

一、**1.** B　**2.** D　**3.** C　**4.** C

二、**1.** 6　**2.** $\frac{3}{5}$　**3.** 2　**4.** 1　**5.** $+\infty$　**6.** $\frac{1}{2}$

拓展能力训练

1. $\frac{1}{2}$　**2.** -2　**3.** $\frac{1}{2}$　**4.** 1

3.3 函数的单调性与极值的应用

基本能力训练

一、**1.** D **2.** B **3.** D **4.** C **5.** C **6.** A

二、**1.** >0 <0 **2.** $\left(\frac{1}{2} \quad +\infty\right)$ $\left(0,\frac{1}{2}\right)$ **3.** 驻点;不可导

4. -2 $-\frac{1}{2}$ **5.** -4 4

三、**1.** 单调增加区间为$(-\infty,-2)$和$(1,\infty)$,单调减少区间为$(-2,1)$;极大值为 30,极小值为 3。

2. 单调增加区间为$(1,+\infty)$和$(-\infty,0)$,单调减少区间为$(0,1)$;极小值为$-\frac{1}{2}$,极大值为 0。

拓展能力训练

1. 提示:令 $f(x)=\frac{1}{3}\tan x+\frac{2}{3}\sin x-x$。

2. 提示:令 $f(x)=\ln x-\frac{2(x-1)}{x+1}$。

3. 提示:令 $g(x)=x\cos x-\sin x$,$f(x)=\frac{\sin x}{x}$。

3.4 实际问题中最优化问题的求解

基本能力训练

一、**1.** $x=4$ $x=8$ **2.** -10 2

二、**1.** 依墙长为 16m,宽为 8m。 **2.** $x=8,y=4$。 **3.** 高为 6m,半径为 3m。

4. 底面边长为 5m,高为 5m。

拓展能力训练

1. 高为$\frac{\sqrt{2}}{2}d$,宽为$\frac{\sqrt{2}}{2}d$。 **2.** 每套每月的租金为 310 元时可以获得最大利润。

3.5 曲线的凹凸区间与拐点的求解

基本能力训练

一、**1.** D **2.** C **3.** C

二、**1.** 在$(-\infty,+\infty)$上是凹的。 **2.** 在$(0,+\infty)$上是凸的,在$(-\infty,0)$上是凹的。

3. 在$(1,+\infty)$上是凸的,在$(-\infty,1)$上是凹的,拐点是$(1,2)$。

拓展能力训练

1. 在$\left(-\infty,-\frac{1}{\sqrt{2}}\right)$和$\left(\frac{1}{\sqrt{2}},+\infty\right)$上是凹的，在$\left(-\frac{1}{\sqrt{2}},\frac{1}{\sqrt{2}}\right)$上是凸的，拐点是$\left(-\frac{1}{\sqrt{2}},\frac{1}{\sqrt{e}}\right)$和$\left(\frac{1}{\sqrt{2}},\frac{1}{\sqrt{e}}\right)$。

2. 在$\left(-\infty,-\frac{\sqrt{3}}{3}\right)$和$\left(\frac{\sqrt{3}}{3},+\infty\right)$上是凹的，在$\left(-\frac{\sqrt{3}}{3},\frac{\sqrt{3}}{3}\right)$上是凸的，拐点是$\left(-\frac{\sqrt{3}}{3},\frac{3}{4}\right)$和$\left(\frac{\sqrt{3}}{3},\frac{3}{4}\right)$。

3.6 实际问题中曲率的求解

基本能力训练

1. $K=0$

2. (1)$K=2$ (2)$K=\frac{6\sqrt{5}}{25}$ (3)$K=\frac{4\sqrt{5}}{25}$

拓展能力训练

1. $\left(\frac{\pi}{2},1\right)$ **2.** 选择砂轮直径小于 2cm 较合适。

第3章自测题

一、**1.** B **2.** B **3.** D **4.** B **5.** D

二、**1.** 0 **2.** $(0,+\infty)$ $(-1,0)$ $x=0$ **3.** 0 **4.** -3 0 **5.** -1 -3

三、**1.** $\frac{1}{2}$ **2.** 单调减少区间为$(0,1)$，单调增加区间为$(-1,0)$；极大值为 0，无极小值；在区间$(-1,1)$内凸，无拐点。 **3.** 最大值为$f(1)=\frac{1}{2}$，最小值为$f(0)=0$。

四、**1.** 当产量为 250 件时可使利润达到最大，且最大利润为 1230 元。

2. 当底半径$r=\sqrt[3]{\frac{V}{2\pi}}$，高$h=2\sqrt[3]{\frac{V}{2\pi}}$时，才能使表面积最小，这时底直径与高的比为 1∶1。

第4章 不定积分

4.1 不定积分的概念和性质

基本能力训练

一、**1.** D **2.** C **3.** D **4.** C **5.** B **6.** D **7.** C **8.** B **9.** A

二、1. $\sqrt{x}+C$　2. $\frac{1}{x}+C$　3. $2x$　4. $(e^{x^2}-x)dx$

三、1. $\frac{1}{3}x^3+\frac{2^x}{\ln 2}-4\arcsin x+C$　2. $a^4x-\frac{2}{3}a^2x^3+\frac{1}{5}x^5+C$

3. $\frac{2}{3}x^{\frac{3}{2}}+2x^{\frac{1}{2}}-x-\ln|x|+C$　4. $-\frac{2}{3}x^{-\frac{3}{2}}+C$　5. $\frac{2}{3}x^{\frac{3}{2}}-2x+C$

6. $\frac{2^x e^x}{\ln 2+1}+C$

拓展能力训练

一、1. $-\frac{1}{x}+\arctan x+C$　2. e^x-x+C　3. $\frac{3}{2}x+\frac{1}{2}\sin x+C$

4. $\sin x-\cos x+C$

二、1. $y=\ln|x|+1$　2. $s=t^3+2t^2$

4.2　换元积分法

4.2.1　第一类换元积分法的应用

基本能力训练

一、1. B　2. B　3. C　4. A　5. C

二、1. $d\left(\frac{x^3}{3}+C\right)$　2. $d(2\sqrt{x}+C)$　3. $\frac{1}{2}$　4. $\frac{1}{3}$　5. -2　6. $-\frac{1}{2}$

7. $\frac{1}{2}F\left(2x+\frac{1}{2}\right)+C$　8. $4x^3-x+C$

三、1. $\frac{1}{10}(2x+3)^5+C$　2. $2\ln|\ln x|+C$　3. $-\frac{1}{4x-6}+C$

4. $-\frac{1}{3}\cos(3x+2)+C$　5. $-\frac{1}{3}e^{-3x+5}+C$　6. $\frac{1}{4}\tan 4x+C$

7. $\frac{1}{3}\tan 3x-x+C$　8. $-\sin\frac{1}{x}+C$　9. $\arcsin\frac{x}{4}+C$

10. $\frac{1}{9}\arctan\frac{x}{9}+C$

拓展能力训练

一、1. $-\frac{1}{3}(1-x^2)^{\frac{3}{2}}+C$　2. $-\frac{1}{2(1+x^2)}+C$　3. $\frac{(2\ln x+3)^2}{4}+C$

4. $-\frac{1}{2}\ln|1-x^2|+C$　5. $\arcsin e^x+C$　6. $\arctan e^x+C$

7. $\frac{1}{2}\ln(x^2+1)-\arctan x+C$　8. $-\cos(\sqrt{x}+1)+C$　9. $\frac{1}{3}(\sin x)^3+C$

10. $\frac{1}{5}(\cos x)^5-\frac{1}{3}(\cos x)^3+C$　11. $\frac{1}{2}x-\frac{1}{4}\sin 2x+C$

12. $\tan x+\frac{1}{3}(\tan x)^3+C$　13. $\frac{1}{2}\arcsin(\sin^2 x)+C$　14. $\frac{1}{x}+C$

15. $\frac{1}{2}\ln|1+x|-\frac{1}{2}\ln|1-x|+C$

二、$y=\frac{1}{2}\ln(3+2x)-\frac{1}{2}\ln 3$

4.2.2 第二类换元积分法的应用

基本能力训练

1. $2\ln(\sqrt{x}+1)+C$　2. $\frac{1}{6}(2x+3)\sqrt{2x+3}-\frac{3}{2}\sqrt{2x+3}+C$

3. $2\sqrt{x+1}-2\ln(1+\sqrt{x+1})+C$　4. $\frac{2}{45}(3x-1)^2\sqrt{3x-1}+\frac{2}{27}(3x-1)\sqrt{3x-1}+C$

5. $x-2\sqrt{x}+2\ln(1+\sqrt{x})+C$　6. $\frac{9}{2}\arcsin\frac{x}{3}+\frac{1}{2}x\sqrt{9-x^2}+C$

拓展能力训练

1. $\frac{3}{4}\sqrt[3]{(2x+1)^2}-\frac{3}{2}\sqrt[3]{2x+1}+\frac{3}{2}\ln\left|1+\sqrt[3]{2x+1}\right|+C$

2. $6[\sqrt[6]{x}-\arctan\sqrt[6]{x}]+C$（提示：令$\sqrt[6]{x}=t$）

3. $\ln\frac{\sqrt{1+e^x}-1}{\sqrt{1+e^x}+1}+C$　4. $\frac{9}{4}\arcsin\frac{2x}{3}+\frac{1}{2}x\sqrt{9-4x^2}+C$

5. $\ln(\sqrt{4+x^2}+x)+C$

4.3 分部积分法

基本能力训练

一、1. A　2. A　3. D　4. D　5. D

二、1. $x\ln x-x+C$　2. $x\arcsin x+\sqrt{1-x^2}+C$　3. x^2　4. $\arctan x$

三、1. $-xe^{-x}-e^{-x}+C$　2. $-\frac{1}{3}x\cos 3x+\frac{1}{9}\sin 3x+C$

3. $\frac{x}{3}\sin 3x+\frac{1}{9}\cos 3x+C$　4. $\frac{1}{5}x^5\ln x-\frac{1}{25}x^5+C$

5. $\left(\frac{1}{2}x^2+x\right)\ln x-\frac{1}{4}x^2-x+C$　6. $x\arctan x-\frac{1}{2}\ln(1+x^2)+C$

拓展能力训练

一、1. $\frac{1}{2}x^2e^{2x}-\frac{1}{2}xe^{2x}+\frac{1}{4}e^{2x}+C$ 2. $\frac{1}{5}e^x\cos 2x+\frac{2}{5}e^x\sin 2x+C$

3. $\frac{2}{5}e^{2x}\sin x-\frac{1}{5}e^{2x}\cos x+C$

二、$\cos x-\frac{2\sin x}{x}+C$

4.4 有理函数的积分

基本能力训练

1. $\frac{1}{3}x^3-\frac{3}{2}x^2+9x-27\ln|x+3|+C$
2. $\ln|x-2|+\ln|x+5|+C$
3. $\frac{1}{2}\ln(x^2-2x+5)+\arctan\frac{x-1}{2}+C$
4. $\ln|x|-\frac{1}{2}\ln(x^2+1)+C$
5. $\ln|x+1|-\frac{1}{2}\ln(x^2-x+1)+\sqrt{3}\arctan\frac{2x-1}{\sqrt{3}}+C$
6. $2\ln|x+2|-\frac{1}{2}\ln|x+1|-\frac{3}{2}\ln|x+3|+C$

拓展能力训练

1. $\frac{1}{x+1}+\frac{1}{2}\ln|x^2-1|+C$
2. $\arctan x-\frac{1}{x^2+1}+C$
3. $2\ln|x+2|-\frac{1}{2}\ln(x^2+2x+2)-\arctan(x+1)+C$
4. $\ln|x|+\arctan(x+1)+C$

第4章自测题

一、1. B 2. D 3. C 4. B 5. C

二、1. $-\frac{2}{(x-1)^2}$ 2. $x+\frac{1}{2}\ln x+C$ 3. $f(x)+C$

4. $2\arctan\sqrt{x}+C$ 5. $\ln|F(x)|+C$

三、1. $t+2\ln|t|-\frac{1}{t}+C$ 2. $-\frac{1}{\sin x+\cos x}+C$ 3. $\frac{2}{3}\arcsin x\sqrt{\arcsin x}+C$

4. $-\frac{2^{\frac{1}{x}}}{\ln 2}+C$ **5.** $\frac{1}{5}(\ln|x-3|-\ln|x+2|)+C$ **6.** $\frac{3}{2}\ln(\sqrt[3]{x^2}+1)+C$

7. $x\arctan\frac{1}{x}+\frac{1}{2}\ln(x^2+1)+C$ **8.** $-\frac{1}{2}(x-1)\cos 2x+\frac{1}{4}\sin 2x+C$

9. $xf'(x)-f(x)+C$

第 5 章 定积分及应用

5.1 定积分的概念和性质

基本能力训练

一、**1.** A **2.** A **3.** D **4.** A **5.** C

二、**1.** $\int_0^3(2x^2+1)\mathrm{d}x$ **2.** $s=\int_0^5(2t+1)\mathrm{d}t$

拓展能力训练

一、**1.** 6 **2.** 5 **3.** 0 **4.** π

二、$\frac{3}{\mathrm{e}^4}\leqslant\int_{-2}^1\mathrm{e}^{-x^2}\mathrm{d}x\leqslant 3$

三、$\int_1^2\ln x\mathrm{d}x>\int_1^2(\ln x)^2\mathrm{d}x$

5.2 定积分的计算

5.2.1 牛顿-莱布尼兹公式的应用

基本能力训练

一、**1.** C **2.** D **3.** A

二、**1.** $\tan^2 x$ **2.** 0 或 1 或 -1 **3.** $\frac{1}{\mathrm{e}}$

三、**1.** $\frac{29}{6}$ **2.** 5 **3.** $\frac{\pi}{4}$ **4.** 4 **5.** $1-\frac{\pi}{4}$ **6.** $\frac{\pi}{4}+1$ **7.** $\frac{11}{2}$

拓展能力训练

一、$b-a-1$

二、**1.** $\frac{1}{3}$ **2.** 极小值为 $f(0)=0$

5.2.2 定积分换元积分法的应用

基本能力训练

一、1. B　2. B　3. C

二、1. $\frac{1}{3}$　2. $\frac{1}{2}\ln 2$　3. $\frac{1}{2}$　4. $\frac{\pi}{24}$　5. $2e-2$　6. $\frac{28}{3}$　7. $2-2\ln\frac{4}{3}$　8. 0

拓展能力训练

一、1. 0　2. 0　ln2　3. 1

二、1. $\sqrt{3}a$　2. 2　3. $\frac{1}{3}+e$

三、1. 提示：令 $3-x=t$。

2. $\frac{\pi^2}{4}$　提示：$\int_0^{2a} f(x)\mathrm{d}x=\int_0^a f(x)\mathrm{d}x+\int_a^{2a} f(x)\mathrm{d}x$，对 $\int_a^{2a} f(x)\mathrm{d}x$ 做变换，令 $x=2a-t$。

5.2.3 定积分分部积分法的应用

基本能力训练

1. $\frac{1}{4}-\frac{3}{4e^2}$　2. -2π　3. $2-\frac{2}{e}$　4. $\frac{\pi}{4}-\frac{1}{2}$　5. $\frac{e^{\frac{\pi}{2}}+1}{2}$

拓展能力训练

1. $2e^2+2$　2. 2π　3. 2

5.3 广义积分的计算

基本能力训练

一、1. C　2. C　3. C　4. A

二、$\int_1^{+\infty}\frac{\mathrm{d}x}{x^p}$，当 $p=1$ 时，$\int_1^{+\infty}\frac{1}{x^p}\mathrm{d}x=\int_1^{+\infty}\frac{1}{x}=[\ln x]_1^{+\infty}=+\infty$，所以广义积分发散. 当 $p\neq 1$ 时，$\int_1^{+\infty}\frac{1}{x^p}\mathrm{d}x=\left[\frac{x^{1-p}}{1-p}\right]_1^{+\infty}=\begin{cases}+\infty & p<1\\ \frac{1}{p-1} & p>1\end{cases}$，所以 $p\leqslant 1$ 时，广义积分发散；$p>1$ 时，

广义积分收敛.

三、1. $\frac{1}{24}$　2. $\frac{1}{5}e^5$　3. $\frac{2}{e}$　4. $\frac{\sqrt{3}}{9}\pi$

拓展能力训练

一、$a=\frac{5}{2}$

二、当 $k>1$ 时,收敛于$\frac{1}{(k-1)(\ln 2)^{k-1}}$,当 $k\leqslant 1$ 时发散。

三、略

四、$\frac{1}{4}$

5.4　定积分的几何应用

5.4.1　定积分的微元法(略)

5.4.2　用定积分求平面图形面积

基本能力训练

一、1. A　2. D　3. A

二、1. $\frac{9}{2}$　2. $\frac{3}{2}-\ln 2$　3. $\frac{32}{3}$　4. $\frac{64}{3}$

拓展能力训练

1. $\frac{7}{6}$　2. $\frac{8576}{111}$　3. $a=0,b=1$

5.4.3　用定积分求旋转体体积

基本能力训练

1. $\frac{\pi}{2}a$　2. $\frac{3\pi}{5}(8^{\frac{5}{3}}-5^{\frac{5}{3}})\approx 32.76$

拓展能力训练

平面图形面积为$\frac{9}{4}$，绕 x 轴旋转而成的立体的体积为$\frac{8\pi}{3}$，绕 y 轴旋转而成的立体的体积为$\frac{18\pi}{5}$。

5.5　定积分在工程中的应用

基本能力训练

1. 2.45J　**2.** 8.23×10^5N　**3.** $\frac{1}{2}gt$　**4.** 0　**5.** $S_x=\frac{14}{15}$，$S_y=\frac{3}{4}$，形心为$\left(\frac{9}{16},\frac{7}{10}\right)$。

6. 64N/m

拓展能力训练

91500J

第5章自测题

一、**1.** C　**2.** B　**3.** C　**4.** A　**5.** A　**6.** A

二、**1.** $\frac{1}{3}$　**2.** 4　**3.** 0

三、**1.** ln3　**2.** $1+\frac{\pi^2}{8}$　**3.** $2e^2+2$

四、**1.** 36

2. $S_x=\frac{83}{30}$，$S_y=\frac{5}{4}$，形心坐标为$\left(\frac{15}{28},\frac{83}{70}\right)$。

第6章　基于 MATLAB 软件的数学实验

6.1　MATLAB 基本操作

基本能力训练

一、**1.** A　**2.** C　**3.** A　**4.** B

二、**1.** (1)14.1477　(2)3.6741　(3)cos((pi＊(pi/4＋55))/180)＋tan((pi＊(pi/3＋23))/180)　(4)13.7365

2. (pi＊(pi^2/16＋1)^(1/2))/(4＊((pi＊2^(1/2))/4＋1))

3. x^3 + 3 * x − 5, x^3 − x − 1, (2 * x − 2) * (x^3 + x − 3),
(x^3 + x − 3)/(2 * (x − 1))

4. (1)(x − 2) * (x + 2) * (x + 1)　(2)(x^4 − 8) * (x^4 + 8)

5. (1)1, $\pm\sqrt{3}$i　(2)x1 = 1, x2 = 2, x3 = 3, x4 = 4

6.

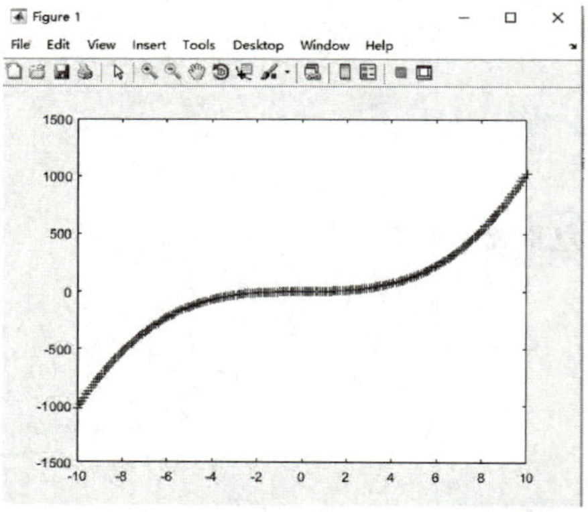

7. (1)

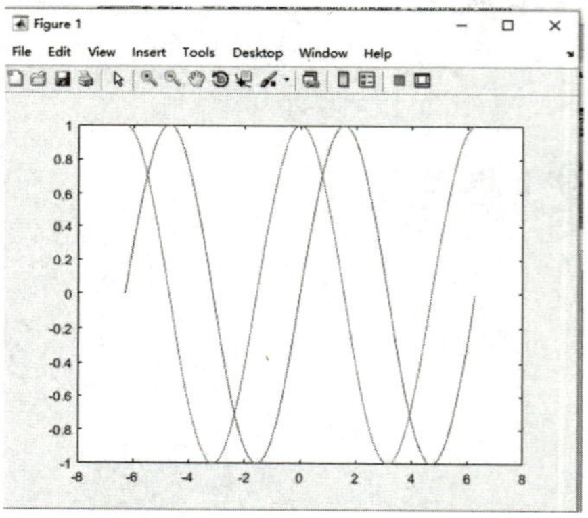

(2)

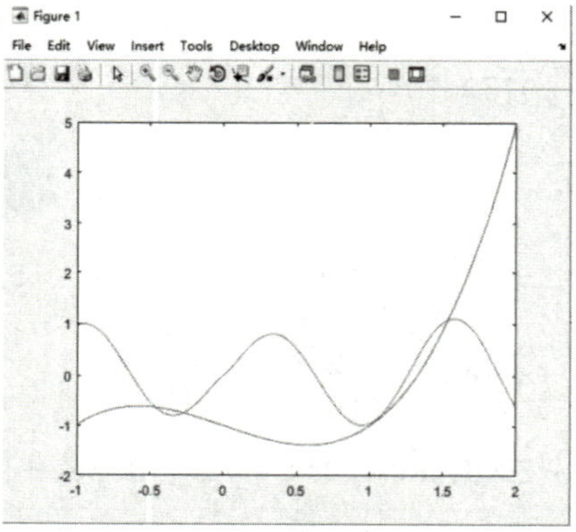

拓展能力训练

一、1.

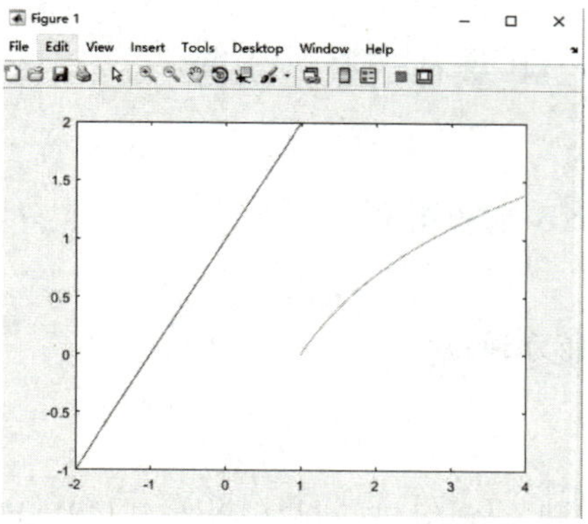

2.

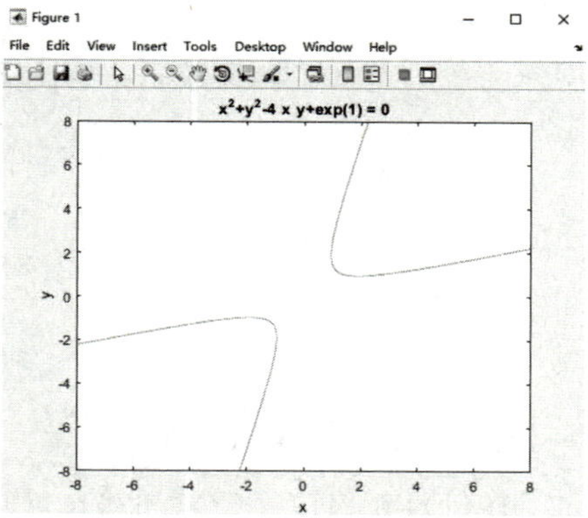

6.2 一元函数微积分问题的 MATLAB 操作

基本能力训练

1. (1)∞ (2)$-3x^2$ (3)$\frac{1}{2}$ (4)$\frac{1}{2}$ (5)1 (6)0

2. (1)syms x a;diff(log(x + sqrt(x^2 + a^2)),x)

(2)exp(- x) + atan(x) + x/(x^2 + 1)

(3)log(cos(x)) * cos(x) * cos(x)^sin(x) - cos(x)^(sin(x) - 1) * sin(x)^2

(4)asin(x/3) - x/(9 - x^2)^(1/2) + x/(3 * (1 - x^2/9)^(1/2))

3. 1

4. 切线方程:$y = 5x - 2$,作图如下:

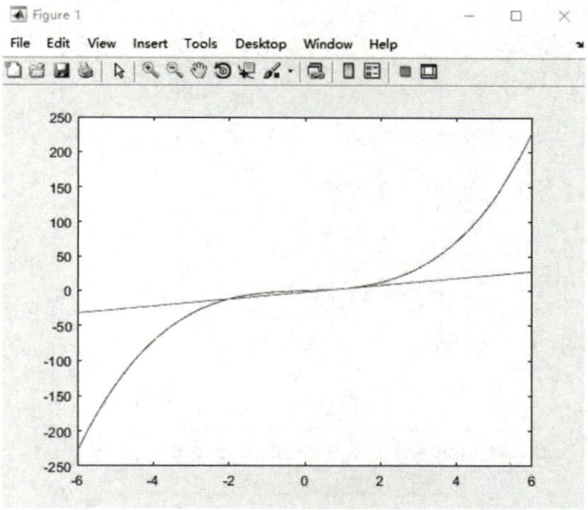

5. 24/(x + 1)^5

6. (1)$-\cos x + \frac{1}{3}\cos^3 x + C$ (2)$2\sqrt{x-1} - 2\arctan\sqrt{x-1} + C$

(3)$\ln|1 + xe^x| + C$ (4)18 (5)1 (6)π

拓展能力训练

1. (1)2 * y/(2 * y - 2 * x) (2)- sin(x)/(1 - 1/2 * cos(y))

2. $a = 2, b = -\frac{3}{2}$

3. $x + 2y - 4 = 0$

4. 极小值为 $f(3) = -22$;极大值为 $f(-1) = 10$。

第6章自测题

一、(1)sin(x)　(2)tan(x)　(3)abs(x)　(4)atan(x)　(5)exp(x)　(6)log(x)
(7)log2(x)　(8)pi　(9)inf　(10)syms　(11)字母　(12)a * b,a^b　(13)区分

二、**1.** 7.7970　**2.** 11.6018　**3.** x = 13/9,y =— 2/9,z = 1/3

4. (1)

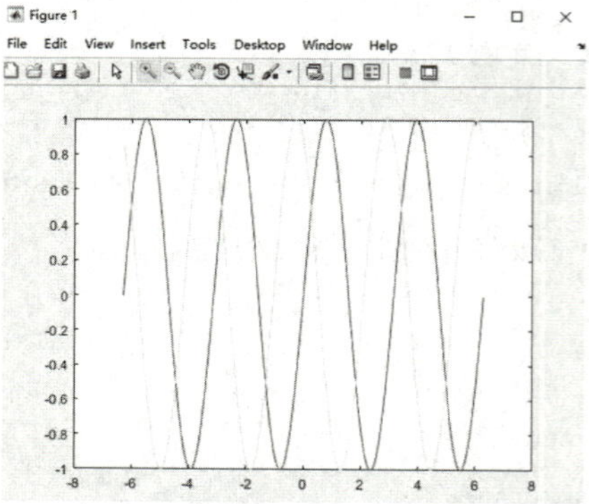

(2)

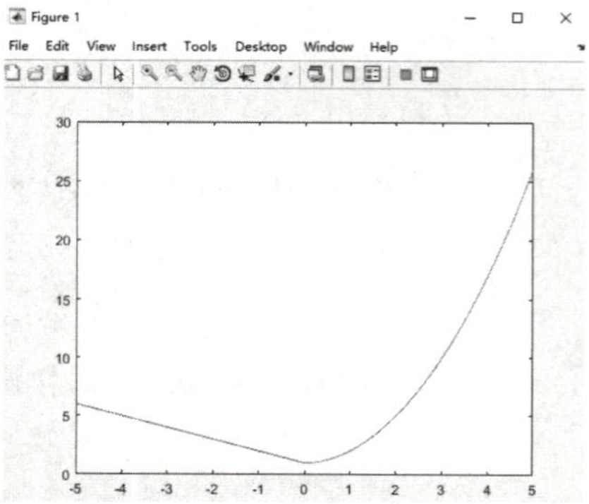

5. (1)2　(2) — 1　(3)e^{-1}

6. (1)2 * exp(x^2) + 4 * x^2 * exp(x^2) + 3 * cos(3 * x)
(2)cos(x + y)/(1 — cos(x + y))

7. — 6

8. (1) — (2 — x^2)^(1/2) + C　(2)18　(3)2

9. 图形如下,面积为 125/6。

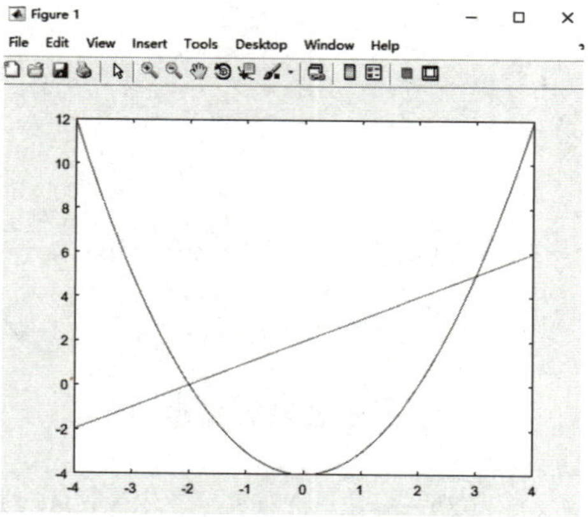